難しい数式は
まったくわかりませんが、

微分
積分

を教えてください！

教育系YouTuber たくみ

はじめに

　以前、ツイッターで「世界は微分で記述され、積分で読む」とつぶやいたところ、理系の大学生や大学の先生方から、大きな反響を得ました。

　世界は、微分積分でできている。だから、微分積分を学ぶことは、私たちが住んでいるこの世界を知ることでもある、ということです。

　微分積分は、高校数学の中でも数学そのものの魅力や面白さがギュッと詰まった単元です。

　しかし残念ながら、数学に挫折してしまう人をもっとも生み出しやすい単元でもあります。

　これまでに、私自身も微分積分に関する数々の授業を受け、微分積分をテーマにした書籍も数多く読んできました。

　その過程で、自分なら微分積分の本質をもっと「シンプル」に、もっと「面白く」感じてもらえるように教えられるのではないか、と考えるようになったのです。

　現在、私は"予備校のノリで学ぶ「大学の数学・物理」"と

いう YouTube チャンネルにおいて、理系の大学生や受験生を対象とした数学や物理の授業動画を配信しています。そして、2019 年 4 月現在で 200 本以上もの動画を公開してきました。チャンネル開設から約 1 年半でチャンネル登録者は 13 万人を突破し、ありがたいことに、いくつもの大学が講義の参考資料として私の授業動画をとりあげてくださっています。

そんな私の活動に注目してくださった AbemaTV のスタッフの方から、2018 年秋、ホリエモンこと堀江貴文さんが 3 人のタレントさんと東大合格を目指すドキュメンタリー番組『ドラゴン堀江』に数学講師として出演してほしいと声をかけていただきました。

数学を学んでいると、数式で書かれた世界と現実世界が突然つながり、「数学脳」が開花する瞬間があります。

これまでの講師経験の中で、生徒さんたちが、この「数学脳」を開花させる瞬間を私はたくさん見てきました。その瞬間は教える側としても、言葉ではけっして表せないほどの喜びを感じます。

『ドラゴン堀江』の中でも、堀江さんに微分積分の授業を行ったところ、堀江さんが「高校時代にわからなかった微分積

分が、たくみ先生の解説でやっと理解できた！」と言ってくださいました。その後、堀江さんは「数学脳」に目覚めたのか、どこへ行っても数学の話をするようになってしまいました（嘘みたいな本当の話です）。

　私がYouTubeで行う授業は、つねにコンパクトさを意識し、1本を10分ほどでつくるようにしています。

　さすがに、高校3年間を費やして学ぶ微分積分を10分で解説することはできませんが、扱うテーマを厳選し、その本質を短時間で掴めるよう最大限努力した結果、たった60分で説明できる構成にすることができました。そしてじつは、本書の内容は、数学が苦手な社会人の方に対して実際に行った60分の授業をもとに書かれたものです。

　きっと、「こんな微分積分の授業は受けたことがない！」と思ってもらえるような内容になっているはずです。

　本書を通じ、一人でも多くの方の「数学脳」を開花させることができたら幸いです。

たくみ

CONTENTS

はじめに ………………………………………………………………… 3

HOME ROOM 1 じつは、微分積分は小学生でも理解できる!?
……………………………………………………………………… 10

HOME ROOM 2 数学は、「イメージ」が9割! … 13

HOME ROOM 3 さまざまなところで使われている微分積分
……………………………………………………………………… 16

HOME ROOM 4 微分積分を知ると、世の中がわかる!① … 20

HOME ROOM 5 微分積分を知ると、世の中がわかる!② … 24

HOME ROOM 6 経営者の多くも数学を学ぶ理由 … 29

序章 微分積分が60分で感動的にわかる4つのステップ …………… 35

LESSON 1 微分積分は4つのステップで学べ! ……… 36

LESSON 2 新たに登場する記号は2つだけ ……… 39

LESSON 3 「関数」とは何か? ……………… 42

LESSON 4 「変換装置」を使って計算してみよう ……… 49

LESSON 5 「グラフ」とは何か? ……………… 51

LESSON 6 実際にグラフを描いてみよう ……… 57

LESSON 7 放物線のグラフを描いてみよう ……… 62

LESSON 8 「傾き」とは何か？ 66

LESSON 9 「面積」とは何か？ 72

LESSON10 「等速でない」ときこそ、微分積分の出番！ 76

第1章 微分とは何か？ 79

LESSON 1 微分とは、めちゃくちゃ小さな変化を見ること
80

LESSON 2 「平均の速度」を記号で表してみる 83

LESSON 3 「瞬間の速度」は「接線」でわかる 93

◎ 微分の練習問題（①〜③） 102

LESSON 4 世界では微分がどのように使われている？
123

第2章 積分とは何か？ 129

LESSON 1 速度が一定でないとき積分が役に立つ 130

LESSON 2 求めたい面積の中に「短冊」を描いてみる 135

LESSON 3 長方形のスキマ問題を考える 140

LESSON 4 長方形の面積の求め方 143

LESSON 5 曲線部分の面積の求め方 ························· 146

LESSON 6 積分はこうして生まれた ························· 151

◎ 積分の練習問題（①〜③） ························· 156

LESSON 7 微分積分は、小学校の算数にも隠れている ····· 164

おわりに ························· 175

登場人物紹介

たくみ先生

人気急上昇中の教育系 YouTuber として注目を集める数学講師。大学生や受験生から「たくみ先生の授業はとにかくわかりやすくて面白い！」と好評を博している。

エリ

メーカーの営業職で働く 20 代の女性。自他ともに認めるド文系。学生時代に、数学のテストでたびたび 0 点を取っている。数式と記号は見るだけで寒気がするほどトラウマになっている。ひょんなことからたくみ先生と知り合い、微分積分を教えてもらうことに。

じつは、微分積分は小学生でも理解できる!?

微分積分は1時間で理解できる

微分積分の解説に入る前に、まずはエリさんが微分積分に抱いているイメージを教えてもらえますか？

うーん、意味不明な記号が出てきたり、グニャグニャの曲線や複雑な数式が出てきたり、とにかく難しそう！
ただでさえ高校数学は難しいのに、微分積分でトドメを刺された感じでした……

たしかに、「微分積分は高校数学の中でもっとも難しい単元で、それまでの数学の教科書で扱われている内容を完璧に理解していないとお手上げだ」と考えている人も多いようですね

ハイ……。私もそう考えていました……

ところが、実際はその反対です。**複雑な計算ができなくても、微分積分は1時間もあれば、その本質が理解できてしまうんですよ。**

しかも、数学の魅力と面白さが詰まった単元でもあるので、微分積分を理解する過程で、数学そのものに対する理解度が一気に上がり、「数学脳」が目覚めることもあるんです

え！ 微分積分って、そんなにすごい単元だったんですか!? でも、私の数学レベルは、恥ずかしながら中学生以下かもしれないです……

難しい計算なんて必要ない！

まったく問題ないです。足し算や引き算、掛け算や割り算（四則演算）といった基本的な計算方法さえわかっていればOKです。小学生や中学生でも理解できます。さすがにエリさんでも四則演算くらいはできますよね？

も、もちろん……（汗）。でも、まったく覚えていないものの、高校時代に一度は微分積分の授業を受けた身からすると、「小学生でも理解できる」という言葉はちょっと信じがたいです……

エリさんは、私のことを疑っているようですね？

 疑うだなんて、そんな！
でも……、小学生でもわかるとか、1時間で理解できるとか、いくらたくみ先生といえど、私のようなド文系を相手にはさすがにムリだと思いますよ。
私からすれば、「空を飛べるようになる」っていわれているのと同じくらい非現実的な話ですから！
そんなことが本当に可能なら、たくみ先生はそれこそ魔法使いです！

 エリさん、私の異名をご存知ですか？

 た、たくみ先生には、異名があるんですか!?

 数学の魔術師です！

 えーっ!?

 今回の授業を通じて、エリさんに「微分積分が1時間で理解できるようになる」魔法をかけましょう！

数学は、「イメージ」が9割!

ホームルーム

「数学」と「物理」が融合した数学の授業

数学で挫折してしまう人の多くは、数学を勉強するときに、数式を"数式のまま"理解しようとします

私も数式がチンプンカンプンで、挫折しました……

いま、私は数学を教える教育系YouTuberとして活動していますが、じつは、大学と大学院では物理学を専攻していました。
ありがたいことに、私の数学の授業がわかりやすいという声を数多くいただいているのですが、それは、**私の数学の授業に物理の視点が入っている**からだと思います

はぁ……。
「物理の視点」が入っていると、なんでわかりやすくな

るんですか？

「具体的なイメージ」を持つと理解しやすい

物理というのは、ザックリいうと、自然界にある現象の中から何らかの法則を見つけ出そうという学問です。つまり、私の数学の授業は、たんに数式をわかりやすく解説するだけでなく、**物理の視点を交えて現実の世界とつなげているので、数式がよりイメージしやすくなる**んです。その結果として、理解しやすいということなんです

たくみ先生がいわんとすることが、なんとなくわかってきたような気がします！

でも、「現実の世界につなげて数学を学ぶ」というのは、じつは、みなさんが当たり前のようにやってきていることでもあるんですよ

どういうことですか？

たとえば、小学校の算数の授業で初めて「1+1=2」という足し算が出てきたとき、それを果物や動物の絵に置き換えて習いませんでしたか？

習いました！

りんごやボールなどのイラストなしに、小学校1年生に「1+1=2」という数式だけを見せて理解させようとしても、理解できない子どものほうが圧倒的に多いと思います。数式を数式のままで理解するのは、ハードルがとても高い行為なんですよ。

また、中学校、高校と進むうちに教科書に登場する数式の「抽象度」も少しずつ上がっていくため、数式を"数式のまま"理解しようとする人が増えていきます。だから、「数学が苦手な人」が大量生産されてしまうことになるわけです

なるほど！

なので、数学は、その数式を使ってやろうとしていることを現実世界につなげてイメージさえできれば、9割クリアできたといってもいいぐらいなんです

さまざまなところで使われている微分積分

微分積分をイメージで理解する

微分積分でやろうとしていることをイメージしやすい言葉で表現すると、**微分とは、チリのように目に見えない小さなものを顕微鏡で見ようとすること。**
積分とは、まさに「チリも積もれば山となる」のように、そのチリを目に見えるくらいたくさん積み重ねようとすること、です

拍子抜けするぐらい簡単なことのように聞こえますね〜

誤解を恐れずにいえば、これが微分積分の本質です。数式を交えた解説はこのあと行いますので、ひとまず、このイメージを頭に入れておいてください

はい、わかりました！

微分とは……

チリのように目に見えない
くらい小さなものを
顕微鏡で見ようとすること

積分とは……

「チリも積もれば山となる」のように、
チリのように目に見えないくらい
小さなものを、目に見える程度に
まで、たくさん積み重ねようと
すること

ホームランの推定飛距離も微積で導き出せる

エリさん、じつは、微分積分は私たちの生活にとても身近な存在であることを知っていますか?

まったくイメージがわきません……(汗)

では、イメージをより具体的に膨らませてもらうために、微分積分がいかに身近な存在かを知ってもらうことから始めましょう!

微分積分の数式なんて、日常生活の中で一度も目にしたことはないですけど……

私たちの目に見えるところに、微分積分の計算式が出てくるわけではないんですよ

では、どこで使われているのですか?

エリさんは、プロ野球を観戦したことはありますか?

はい、あります!

ホームルーム

たとえば、東京ドームの試合でバッターが特大ホームランを打ったとき、ボールが外野席の上の看板に当たることがたまにありますよね？

はい！ 球場のボルテージが一気に上がる瞬間ですよね！

そのとき、ボールが看板に当たってしまっているのに、飛距離が出てますよね？

たしかに！ どうやって飛距離を計測しているのだろうと不思議に思っていました！

その推定飛距離の計算に、じつは微分積分が使われています。ボールそのものの質量や物体にかかる重力はあらかじめわかっているので、速さと向きがわかれば、その後ボールがどうやって変化していくかを、微分積分を使うことによってすべて予測できるんです。それが推定飛距離として発表されているんですよ！

そんなカラクリがあったなんてビックリです！

微分積分を知ると、世の中がわかる！①

モノは運動方程式に従って動いている

野球のボールだけでなく、世の中のすべてのモノが「運動方程式」という数式に則って動いています

ウンドウホウテイシキ……？

運動方程式は、数学的には「微分方程式」といいます。
エリさん、ニュートンという人の名前を聞いたことはありますか？

あります、あります！　雑誌の名前にもなっている、超有名人ですよね！

そうです。運動方程式は、そのアイザック・ニュートンが発見した、モノの運動法則を表す数式です。

ちなみに、$m\dfrac{dv}{dt}=F$ という式で表すことができます

えっ……？ アルファベットばかりが並んでいるのに、これが数式なんですか？

はい。とても短くてシンプルな数式ですが、この数式で、宇宙に漂う星や身の回りのモノすべての運動を予測できるんですよ。これぞ、世紀の大発見といっても差し支えないでしょう。

数式について補足すると、Fが力（Force）、mが質量（mass）、vは速度（velocity）、tは時間（time）を指します。

dはdifferenceの頭文字で、「変化」を表します。

dは、のちほど登場する記号でもあるので、そのときに改めて説明しますね！

よろしくお願いします！

宇宙開発にも微分積分が使われている

ところで、堀江貴文さんが関わっている宇宙開発にも「運動方程式」が活用されており、実際、そこから得られる有用な結果を導く過程で、積分の記号が入った次の

ような式が出てきます

$$v = -w \int \frac{1}{m} dm$$

私にはさっぱり理解できません……（泣）

エリさん、大丈夫ですよ（笑）！　この数式も、運動方程式も、微分積分が使われている例として紹介しただけなので、わからなくて当然です。
この数式は「ツィオルコフスキー方程式」と呼ばれる、ロケット工学において知らない人はいない、というほど有名な公式を導くための式なんです

そんな有名な公式にも、微分積分が使われているんですね～！

ロケットが発射するとき、ものすごい量の煙が出ますよね。発射後も噴射物を出したり、機体を切り離したりして進んでいきます。これは、少しでも機体を軽くするほか、

進む方向と反対方向に機体を切り離して、推進力を得るためなんです。
その際、どれぐらいの重さのときにどれぐらいのスピードが出るのかを、先ほどの計算式で計算しています。そこに微分や積分の考えが入っているのです

ホームルーム

へ〜、すごいですね！
では、月の探検とか衛星を打ち上げるときにも、微分積分は欠かせないということなんですね？

そのとおりです。
まさに、「世界は微分積分で動いている」といっても過言ではないんです！

そんなスゴイ計算方法をこれから学べるんですね！

微分積分を知ると、世の中がわかる！②

彗星の到来を見事に予測

運動方程式を発見したニュートンは、当時の世の中からどんなふうに受け入れられたと思いますか？

えっ、やっぱり「ニュートン、スゴイ!!　あんたは英雄!!」みたいな感じですか？

それが、まったく逆でして……（涙）。
考えてもみてください。
それまで数式など何もなかった状況から、ある日突然「物体の運動はすべてこの式だけで表せますよ！」といわれたら、誰だって「そんなに物事が単純なわけがないだろう！」って疑いますよね。だから当初は、なかなか賛同を得られなかったそうです。
そんな中、ある一人の天文学者が運動方程式を信じて実

践することを決意します

おお! その人こそ英雄ですね!
……でも、何を使って実践するかが重要ですよね。
なんとかして周りの人たちの鼻を明かしたいという気持ちもあったかもしれないですね

エリさんのいうとおりです。
彼はなんと、「彗星」の軌道を調べるのに運動方程式を使ったといわれています。
その天文学者は、元々宇宙に興味があって彗星を研究していたので、ニュートンの運動方程式の正しさの証明のために「彗星」を選んだのかもしれません

それで、本当に予測はできたのですか?

もちろんです!
ただ残念なことに、ニュートンは、その彗星が現れる前に亡くなってしまいました。
運動方程式で彗星の到達年を予測した天文学者も、彗星が到達する前に亡くなってしまったのです

そんな! とても心残りだったでしょうね……

 そして月日は流れ、ついにその日がやってきました

 まさか、本当に彗星が現れたのですか?

 はい、バッチリ現れました。それも天文学者のほぼ予測どおりの年に!

 ニュートンも、その天文学者も、生きていたら飛びあがって喜んだでしょうね!

 きっとそうだと思います。
ところで、私はここまでその天文学者の名前をエリさんに伝えていませんよね?

 そういえば……! いったい誰ですか?

世界的に微分が認知されたきっかけ

 では、発表しましょう!
その天文学者の名前は、エドモンド・ハレーさんです!

ホームルーム

ハレーって、あのハレー彗星の!?

そのとおりです！
だからハレー彗星は、微分積分の有用性が歴史的に認知されるきっかけをつくった彗星ということになります

私でも名前を聞いたことがある彗星の予測に、微分積分が使われていたなんて！

驚くのはまだ早いですよ！
この話には続きがあります

えっ!?　なんですか？

彗星が到達した日が、12月25日だったんです

へー！
クリスマスに彗星が予測どおりに到着したなんて、とてもロマンチックな話ですね！

いや、違うんです。
たしかに12月25日はクリスマスですが、じつはニュー

トンの誕生日でもあるんです！

すごーい！
彗星の到達日が、運動方程式を生み出した人の誕生日だったなんて、何か運命的なものを感じる話ですね〜！
ちなみに、次にくるハレー彗星の予測日は発表されているんですか？

次は 2061 年 7 月 28 日の予定だそうです

約 40 年後か〜！
もしかしたら、私たちも見られるかもしれないですね！

経営者の多くも数学を学ぶ理由

ホームルーム

数学は美しい?

ここまでの話を聞いて、微分積分に少しは興味が芽生えてきましたか?

はい! ハレー彗星の予測に微分積分が使われていたという話を聞いて、少し興味がわいてきました!

それはよかったです。
エリさんのように、大人になってから数学の面白さを知り、学ぼうとする人は多くいるんですよ。そして、数学がわかるようになればなるほど、数学の面白さにハマっていきます。
いま、私が数学を教えている堀江貴文さんもそのひとりです。解き方を教えると、よく「いやあ〜、美しいわ〜!」と恍惚の表情を浮かべていますよ

数学が美しい!?　どういうことですか？

これは数学の本質に関わるお話ですが、数学って、解き方にしても、使う記号にしても、シンプルでムダがないと思いませんか？

たとえば、さきほど紹介した運動方程式なんて、その最たるものですよね。

モノがどんな運動をするかが、$m\dfrac{dv}{dt}=F$ という式を使えば正確に予測できるんですから

たしかに！

数学を学ぶと、モノの見方が磨かれる

シンプルに考えるから、最短ルートで結果を導き出せる、というわけです。

だから、というわけではないかもしれませんが、**一流の経営者には、数学に重きを置く人が多い**んですよ！

そうなんですか!?

堀江貴文さんのほかにも、ドワンゴの創業者である川上量生(かわかみのぶお)さんは家庭教師をつけてまで数学を勉強しているら

しいです。

また、日本だけにとどまらず、世界最高の起業家と名高いイーロン・マスクさんも、数学や物理を学ぶ大切さを説いています

それほど有名な人たちが数学を勧める理由は、さきほどたくみ先生がいったように、数学を学ぶことが、最短ルートで結果を出す訓練になるからでしょうか？

それもあると思います。

さらに付け加えるなら、**「モノの見方が磨かれる」**という側面もありますね

モノの見方……、ですか？

もしくは、共通の「ルール」を見つけ出すといったほうがいいかもしれません。

そもそも数学は、さきほど紹介した運動方程式のように、**世の中に存在するあらゆる物事や事象から一般的なルールを抜き出してまとめたもの**です。

堀江さんのように数学愛が強くなって、たくさんのルールを学ぶと、発想が数学という枠に収まらなくなります。

日常生活の中に、数学で学んだルールや本質を見つけ出せるようになるんです

「数学ができるようになる」ことは、「いろんなモノの見方ができるようになる」ということなんですね！

数学を解くことによって、「数学のメガネ」をかけて物事を見られるようになるといってもいいかもしれませんね。だから微分積分を習得した人には、習得した人にしかわからない魅力ある世界が広がります

たくみ先生の場合は、数学を学んだことでどんなふうに世界の見え方が変わりましたか？

私が好きなゲームに絡めてお伝えすると、いま、スマブラ（大乱闘スマッシュブラザーズ）というゲームにはまっています。
エリさんは、ストリートファイターは知っていますか？

筋肉ムキムキの、強そうな人たちが戦うバトルゲームですよね？

そうです。そのストリートファイターみたいに、スマブラでもキャラクター同士が戦うのですが、繰り出す技によって、相手を吹っ飛ばす角度などが変わってくるのです。その軌道を見ていると、さまざまな数式が頭に浮かびます。すべてが数学に見えてくるわけです

えー！　せっかくゲームをやっているのに、数学を解いているような感じがするということですか？

そうともいえますね（笑）。
でも、そんなふうに身の回りのものに数学を重ねて見られるようになれば、もっと数学を学ぶのが楽しくなりますよ！

その境地に早く達してみたいです！

序章

微分積分が60分で感動的にわかる4つのステップ

LESSON 1

微分積分は
4つのステップで学べ！

変化を「見る」と「足す」

では、微分積分の説明に入りましょう！
前にお話ししたとおり、私の微分積分の授業では、高校3年間を費やして学ぶ内容を60分で解説します。
たった60分しかありませんが、微分積分の本質が"感動的"に理解できるようになるはずです。
まさに、世界一短くて、かつ世界一わかりやすい"画期的な"微分積分の授業なんです！

ハァ……。いまのところ、私は、たくみ先生のいうことがまだあまり信じられていないです……。
もしかして、60分って「微分積分の公式を、この語呂合わせで覚えてください」とかいって、残りの時間を公式の暗記に費やして終わり、というオチじゃないですよね？

やっぱり、エリさんは私のことを疑っているんですね……。当然、公式を丸暗記しても、微分積分の本質を理解することなんてできません。

私の感覚ですが、大学受験で数学を選択している受験生の約半分は、微分積分の問題を丸暗記した公式をもとに"なんとなく"解いているように思えます

私からすれば、解けるだけでスゴイですけど……

私は、大学院の博士課程まで進んで物理学の研究をしていたので、高校で扱う微分積分の内容のもっと先にある奥深い世界も当然知っています。

もちろん、たった60分の授業でエリさんをその世界まで連れていくことはできませんが、その世界の"入り口"に立たせることはできます

そこまでいうなら、たくみ先生を信じて、60分間ついていきます！

ありがとうございます。私の微分積分の授業は、次の4つのステップで進んでいきます

微分積分の4つのステップ

- **ステップ1** 関数
- **ステップ2** グラフ
- **ステップ3** 傾き
- **ステップ4** 面積

微分積分を、関数、グラフ、傾き、面積という順に学んでいくことで、どんなに数学が苦手な人でも、最短ルートで微分積分の本質を必ずつかむことができます。このステップそのものが、微分積分の全体像を示すフレームワーク（枠組み）といってもよいです

ここまでの説明を聞いている限りでは、私でも、簡単に理解できそうな気だけはするんだよなあ……

冒頭でもお伝えしたように、基本的な計算さえできれば、小学生でもちゃんとわかりますよ！

新たに登場する記号は2つだけ

意味がわかれば、記号は怖くない！

 エリさん、微分積分をはじめて勉強したとき、知らない記号や単語が出てきて「うっ！」となりませんでしたか？

 なりました！

 何の準備もないまま、いきなりいろんな記号が出てきて、戸惑ったという人も多いと思います。さきほども、記号がたくさん入っている数式を紹介しただけで、エリさんは拒否反応を示していましたしね。
でも、それぞれの意味を理解すれば、記号なんて、それほど怖れることはないんですよ

 本当ですか〜？　信じられないな〜

微分積分で新たに登場する記号は、リミット、インテグラル。この2つだけです

微分積分に登場する2つの記号

lim ……… リミット

∫ ……… インテグラル

 うわあ……。記号を見ただけで、もう難しそう……。さっそく、微分積分を学ぶ意欲が急下降中です……

 まあまあ！　まずは私の話を聞いてください。ちゃんと、エリさんのモチベーションをV字回復させますから！この2つの記号で、意味がなんとなくわかるものがありませんか？

 えっ？　リミットですか？　英語ですよね。「限界」みたいな意味でしたっけ？

いいですね！ インテグラルは馴染みがないと思うので、あとで説明しますね。

ここでエリさんに覚えていただきたいのは、**リミットとインテグラルという記号には「命令」の意味がある**ということです。たとえば、リミットは「ある量を、ある値に限界まで近づけなさい」という命令になります

なるほど、道路標識みたいなものですね！

そうなんです！
だから、**まったく怖がる必要はなくて、むしろエリさんの道案内をしてくれる親切な人、と考えればいい**のです。
それぞれの記号の意味自体は、小学生や中学生でも理解できるほど簡単です

そう考えると、少し気が楽になってきました！

では、いよいよ微分積分の解説に入りましょう！

「関数」とは何か？

関数とは「変換装置」

前に、微分とは顕微鏡で小さなものを見るようなこと、積分とは小さなものを積み重ねるようなこととお話ししました。
より正確に表現すると、次のようになります

- 微分とは「めちゃくちゃ小さな変化」を"見る"こと

- 積分とは「めちゃくちゃ小さな変化」を"足す"こと

新たに、「変化」という言葉が出てきましたね！

そのとおりです！
変化を調べ、足す。
微分積分のより本質に近づきました。このことを頭に入れておいてください。
では、微分積分のひとつ目のステップ「関数」から解説していきますね

よろしくお願いします！

関数とは、ひと言でいうと「手品のマジックボックス」
です。変換装置のようなものですね

マジックボックス……!?

具体的に説明しましょう。
仮に、エリさんの目の前にマジックボックスがあるとします。その箱にカッコよく「f（エフ）」という名前を付けましょう。なんだか厨二心がくすぐられますね。
この「f」という箱はマジックボックスなので、何か数字を入れると、別の数字になって出てくるという特徴があります。
たとえば、1を入力すると3が出力され、3を入れると7

が、-2 を入れると -3 が出てきます

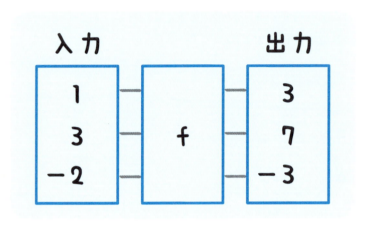

 さて、この「f」という箱には、どのようなルールがあるでしょうか？

 う〜ん、1を入れたら3が出てきて、3を入れると7が出てくるわけですよね……。

仮に、「f」に +2 をする機能があったとしたら、最初のほうは 1+2=3。よし、これはクリア！

次はええと、3+2=5……。あれ？ 7にならないな……。

ということは、+2 じゃないのかな……？

うーん、わかりません（泣）

さっそくモヤモヤしているようですね！
そんなエリさんにお知らせがあります。じつは、この変換装置こそ、まさに**「関数」**を指すんです。
では、どうして私がわざわざ箱に「f」なんていうカッコいい呼び名を付けたと思いますか？

えっ、たくみ先生の昔好きだった人が「文乃さん」で、その頭文字とかですか？

「入力」と「出力」の関係を表す

深読みしすぎです！（笑）
私が箱にわざわざ f と名付けたのは、**「f」が関数（= function）を表す**からです。
「入力するもの」と「出力されるもの」に何らかの対応関係があることを「関数」と呼びます。
つまり、関数には「変換装置」の役割があって、**微分ではその変換装置にどんな特徴があるのかを探っていく**わけです

なるほど！ そういうことなんですね

意味がわかったところで、改めて冒頭の質問について考えてみましょう。

「f」に1を入れたら3が出てきて、3を入れたら7が出てきましたね。さて、ここにはどんなルールがあるでしょうか?

「f」に入れる数字を「入力」、出てくる数字を「出力」だとすると、正解は、「出力は、入力を2倍し、その後に1を足す」でした

わあ……。もうすでに混乱してきました(涙)

実際に入力を2倍して、1を足してみましょう。1を入力すると、どうなりますか?

ええと、1×2+1だから3ですか?

そうですね。今度は、3を入力して計算してみてください

3×2+1だから、7!

もうわかりましたね。このルールを数学っぽく書くと、次の図のようになります

$$\boxed{(出力)} = 2 \times \boxed{(入力)} + 1$$

数学では結果を左に書く

2×入力+1 = 出力とは書かないんですね？

すばらしい質問ですね！
数学では、このように結果を先に（左に）書く習慣があります

なんか英語みたい！
「It is difficult」と、まず結論を述べてから because 〜と、その理由を述べるみたいな論法ですね！

そういわれれば、たしかに同じですね！
まとめると、f という箱には、「入力を2倍し、その後に1を足す」というルールがあることがわかります。
仮に入力を x、出力結果を y とすると、どんな式になりますか？

$y=2×x+1$ ！

エクセレント！　数学らしくなってきましたね！

記号を使えば、計算がカンタンに！

x や y などと書く理由は、**記号にしておくと、どんな数字が入っても計算できるようになるから**です。

x が 4 なら、$2×4+1$ となって、y は 9。

x が 5 なら、$2×5+1$ となって、y は 11。

こんなふうに、どんな数字も計算できますよね

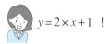
なるほど！　そういうことだったんですね！

「変換装置」を使って計算してみよう

$f(x)$ の正体

さきほど、数学ではできるだけ記号を使って計算するとお話ししました。今回の場合、f という箱に x を入れるので、ここも記号化して $f(x)$ と表現することにします。「f という箱の中に x を入れました」という意味になります。これが学校で見ていた $f(x)$ の正体です！

なんと！

では、$f(1)$ は何になりますか？

ええと、$2×1+1$ だから……、3！

そうですね。$f(3)$ は？

2×3+1 だから 7 !

正解です。さきほどと同じことをやっていますね。ただし、次のように表現します

$$f(1)=3, \quad f(3)=7$$
$$f(-2)=-3$$

さきほどは箱の絵をわざわざ描いて説明しましたが、そんなことをしなくても、$f(x)$ というたったひとつの式だけで理解できる、それが関数というわけです

なるほど〜〜!!

関数といっても、やっていることは箱の中に数を入れているだけなので、意外とカンタンです。お湯をサッとかけてできあがり、くらいのシンプルさですよね。
微分とは、箱の変化を探る旅ともいえます

なんだか、ちょっと楽しくなってきました!

LESSON 5

「グラフ」とは何か?

グラフのメリット

関数については、もう大丈夫そうですね!
では、次のステップに進みましょう。
2つ目のステップは、グラフです!
あれ? エリさん、なんだか元気がないですね?

グラフという言葉を聞いただけで、胸がザワザワします。
ちょ、ちょっとトイレに……(逃げ出すフリ)

(無視して)文系の人の中には、グラフが出てきた瞬間にエリさんのように逃げ出したくなるという人が多いです。直線のグラフならまだしも、放物線を描くようなグラフが出てくると、それだけで難しそうな気がしてしまいますよね。実際、グラフが原因で数学につまずいてしまう人も多いんですよ

ワオ! そうなんですね! 私と同じような人が多そうで、少しだけ安心しました

グラフはその正体がわかれば、理解が一気に進みます。では説明していきましょう!

よろしくお願いします!

グラフを見れば一発で判断できるようになる

グラフとは、ひと言でいうと、次のようになります

グラフ→入力と出力結果の関係を図で表したもの

たとえば両替機で1000円札(入力)を入れたら100円玉が10枚(出力)出てきますよね。
5000円札対応の機械だと、100円玉は50枚出てきます。
それらの数字を図で表したものがグラフです。
グラフがあると、何を入れたら何が返ってくるのかということを、文字で書かなくてもパッと見ただけで判断できるようになるメリットがあります

なんだか、とってもスマートですね！

そうなんです。
では実際に、ひとつ前の項目でお話しした、入力と出力の関係式を使ってグラフを描いてみましょう。
「f」という箱には、どんなルールがあったか覚えていますか？

$2 \times x + 1$ ！

そのとおりです。
それでは「f」という記号を使って、$f(x) = 2x + 1$ と書きましょう。これが箱の正体です

fに何かの数字xを入れるから$f(x)$なんですね。
どうして$2x$と書くのですか？

易しく書くと、これまでどおり$2 \times x$のことです。
でも、数学では、掛け算を省略して書くことができるので$2x$としています

あー！　思い出しました！

では $f(x) = 2x+1$ のグラフを描くにあたり、まずは線を描いてみましょう。

こんなふうに、縦と横に線を引きます

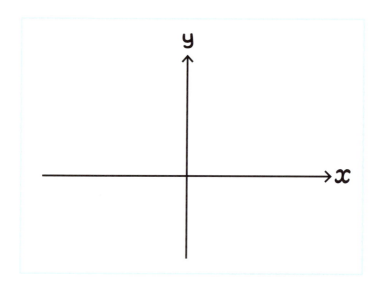

x は入力、y は出力

えっと、なんで 2 本の線を引くんでしょうか？

いい質問ですね。まず、横軸である x は何を表していましたか？

ひとつ前のほうでたくみ先生が言っていた1とか-2とかっていう「f」の箱の中に入れる数字でしょうか？

正解です。「入力」のことですね。では、縦軸であるyは何でしたか？

えっと、yはたしか計算結果のことだったから「出力」でしょうか？

ザッツライト！　関数をグラフにするときには、その「入力」と「出力」が大事なわけです。そして、数学では横軸に入力、縦軸に出力結果を書く慣習があるんです

些細なことにも意味がある

あぁ〜！　横軸と縦軸は「入力」と「出力」を意味していて、それを1つの図に描きたいから2本の線が必要なわけですね

そのとおりです。そうやって気になった些細なことをしっかりと解決していくことが大事ですね。数学に現れる些細なことには、すべて意味がありますから

たくみ先生にそう言ってもらえると安心します！

いいですね！　その調子で続けましょう！

実際にグラフを描いてみよう

入力と出力の結果を黒点で打つ

$f(x)=2x+1$ に $x=1$ を入力すると $f(1)=3$ となり、出力結果は 3 になりました。そこで横軸が 1、縦軸が 3 の点線が交わるところに、下の図のように黒点を打ちましょう。

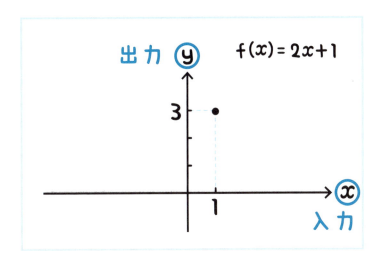

では、x に -2 を入れたらどうなりますか？

ええと、2×(-2)+1 だから、-3！

正解です。x が -2 のときに -3 が出てくるので、-3 の場所を探します。次の図のようになります

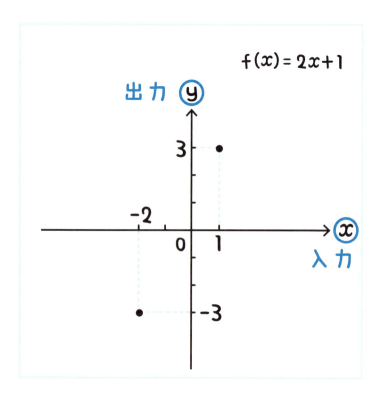

こんなふうに、入力と出力の結果を点で表していきます

1 とか -3 以外にも、たとえば 0.5 とか、整数ではない数もありますよね？

そうですね。そういった細かい数字を調べても OK です。調べたら、該当する箇所に点を打ちます。たとえば、0.5 だったら 2 、-1.5 だったら -2 という具合です。すると、グラフの中に色々な黒点が出てきますね

本当だ！

点を結んでみよう

エリさん、これらの黒点を結ぶとどうなりますか？　実際にノートに描いてみてください

わー !!　直線になった !!　グラフだ !!　（次ページ参照）

ハイ、1 本の直線になりました。グラフにすると、どの数字を入れたときに何が出てくるのか、一目瞭然ですね

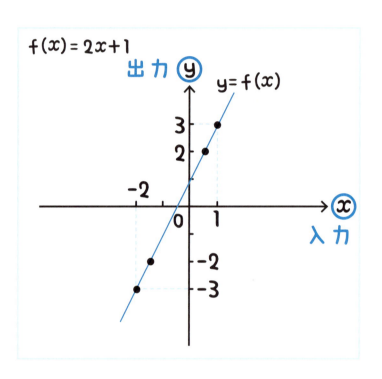

 入力する数字（入力）を大きくすればするほど、出力する数字（出力）も大きくなります。

反対に、入力する数字を小さくすればするほど、出力する数字も小さくなることがわかります。このように、**入力と出力を結んだものがグラフ**になります

 理解できました！

高校数学では f(x) を用いる

では、このグラフは何を表しているグラフといえるでしょうか？

$y = 2x + 1$ ですか？

そうですね、中学ではそのように習ったと思います。ですが、高校の数学では次のように表現することがあります。

$f(x) = 2x + 1$ のときの
$y = f(x)$ のグラフを描いた

グラフでは縦軸に y と書いたので、エリさんのいうことは合っています。
ただ、$f(x)$ と表現することで、x の中にいろいろな値を入れた結果が表現しやすいという利点があるのです

あ、なんか複雑になってきた予感……

大丈夫！ ひとつずつクリアしていきましょう！

放物線のグラフを描いてみよう

ボールを投げるときにできる軌道と同じ

 今度は、$f(x)=x^2$ のときの $y=f(x)$ というグラフを描いてみたいと思います。
エリさん、x が 1 の場合、y はいくつになりますか？

 1の二乗だから、1！

 そうですね。
他にも、-1 のときは、$(-1)×(-1)=1$ になります。
2 のときは $2×2=4$ となりますね。
また、0 の二乗は 0 なので、x と y ともに 0 ですね。
それぞれ、グラフに黒点を打っていくと、次の図のようになります。

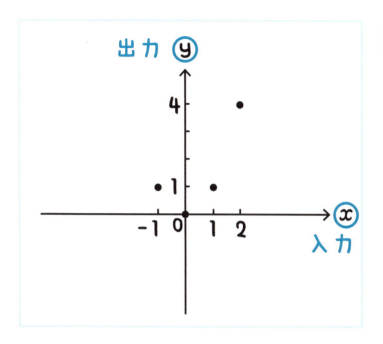

 エリさん、この黒点を線で結ぶとどうなるか、描いてみてください

 あれっ!?
さきほどのグラフと違う形になりました（次ページを参照）！

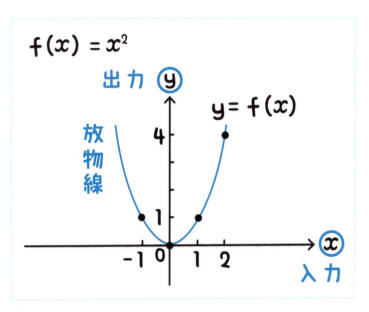

 そうですね。きれいな曲線のグラフになりました。この曲線のことを**放物線**といいます。ボールを投げるとき、軌道が弧を描きますよね？ あれも放物線です。
文字どおり、**「物を放るときの線」**というわけです

関数とグラフの2点がわかれば準備運動は終了

 では、復習です。関数とはなんでしたか？

 数と数の間の関係です。変換装置！

ハイ、それが「f」という箱の正体です。
そしてグラフとは、パッと見たときに入力と出力の結果がすぐ判断できるものでした。これが微分積分を学ぶうえで欠かせない2点です。以上で準備運動は終了です！

エッ……？　これだけで終わりですか？

本来の高校数学においては、微分積分に到達するまでに準備だけで約2年かけます。
ですが、私の授業では関数とグラフの2点をおさえれば、微分積分を理解するのに必要な知識は得たも同然といって差し支えありません

高校時代に、たくみ先生に出会いたかった……（涙）

いまからでも十分間に合いますよ！
次から、さっそく微分について詳しく学んでいきましょう！

「傾き」とは何か？

微分は傾きを求めるツール

ここから、いよいよ微分に入ります。

3つ目のステップは、**「傾き」**です。じつは、**微分は「傾きを求めるツール」**なのです

傾きを求めるツール……？

少しイメージしてみてください。

毎朝、エリさんは自宅から職場まで歩いて出勤しているとします。

エリさんが歩き始めてから、適当なタイミングで手元のストップウォッチを押して計測を始めました。

ストップウォッチが1秒を指すとき、エリさんは自宅の玄関から2m先の場所にいて、5秒のときには6m先の場所にいたとします。さて、エリさんの速度は、いくつで

しょうか？　ちなみに、速度はつねに一定とします

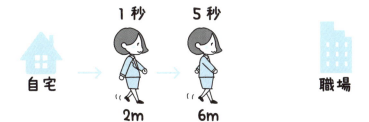

うっ！　速度の問題ですか……！　たしか、小学生のときに、「はじき（きはじ）」という公式を学んだような……。えーと、こんな感じでしたっけ？

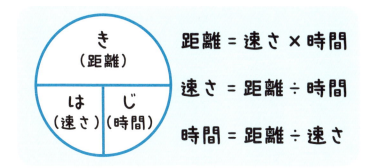

大丈夫、合っていますよ。
「は」は速さ、「じ」は時間、「き」は距離を表します。

たしかに、「はじき」は覚えやすい公式ですが、あくまで「速度が一定のとき」という条件が付きますので、その点だけ注意してくださいね

わかりました！
そうすると、速さを求める場合は距離÷時間ですよね。
距離は、6（m）から2（m）を引いて4（m）です。
時間は、5（秒）から1（秒）を引いて4（秒）になります。速さは「距離÷時間」で導き出せるから、式にすると次のようになるんじゃないかな……？

$$4\,(m) \div 4\,(秒) = 1\,(m/秒)$$

答えは1(m/秒)ですね！

エリさん、あざやかです！　ということは、1秒で1mを進んだことになりますね。つまり、エリさんの速度は「1メートル毎秒」ということです

なんだか、とてもスローペースな歩き方ですね！

エリさんは、超安全歩行のようですね（笑）。
では、エリさんが進む様子をグラフにしてみましょう。横軸に時間、縦軸に進んだ距離を描いて、点を打ってみます。1秒のときに2m先、5秒のときに6m先でしたね？

こうですね！

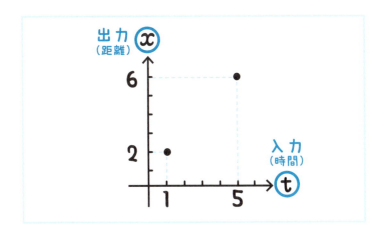

そのとおりです。2点を線でつなぐと、次のようになりますね

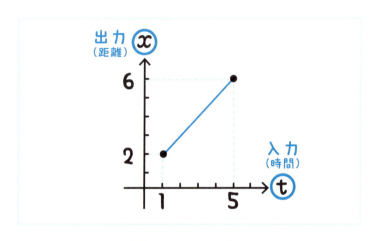

速度とは傾きを指す

 ところでエリさん、いま考えていたテーマはなんだったか覚えてますか?

 「傾き」です!

 そうですね。
エリさんは1秒で1mずつ歩きます。
図を見ると、エリさんの歩いた時間と距離の交差する点を結んだ直線も、1秒経ったら1m上がっていますよね?

その変化のペースを、まさに**「傾き」**というのです

もしかして**「速度を求めること」と「傾きを求めること」は、同じことを表している**のですか？

鋭いですね！　速度とは、まさに傾きを指します。
傾き（変化率）は、**「縦軸の変化÷横軸の変化」**で求められます。
今回の場合、縦軸の変化が6-2＝4、横軸の変化が5-1＝4なので、傾きは4÷4で1ですね。しっかり速度と同じ結果が出てきました。
縦軸の変化とは、ここでは「距離の変化」であり、横軸の変化とは「時間の変化」だったので当然ですね！

なるほど！
グラフは傾きが目に見えてわかりやすいですね！
私もダイエットするとき、日にちと体重をグラフにすればやせるペースが調べられるわけか……

ザッツライト！　ぜひトライしてみてください！

「面積」とは何か？

距離は面積で求める

速度の次は、距離について説明をしたいと思います。
さきほど、エリさんが歩く速度は毎秒1mという結果を得ました。次に、横軸を時間、縦軸を速度としたグラフを描いてみましょう。横軸はt、縦軸はvとします

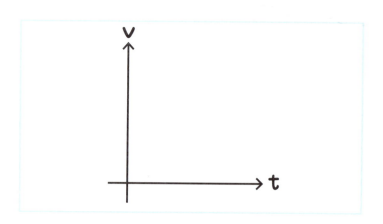

tにv……!?　また混乱してきました……

そうくると思いました（笑）。tはtimeのt、つまり「時間」を表します。
vはなんでしょうか？

victoryしか思いつかない……

惜しいですね！
正解はvelocity、速度になります

まったく惜しくないじゃないですか（笑）

縦軸にv（速度）、横軸にt（時間）と書いて、4秒で進んだ距離を調べることにします。
エリさん、4秒経ったとき、どれぐらいの距離を進んでいますか？

毎秒1mだから、1(m/秒)×4(秒)=4(m)　！

そうですね。
そして、どの時間でも速度は1(m/秒)で一定なので、グ

ラフにすると、次の図のようになります

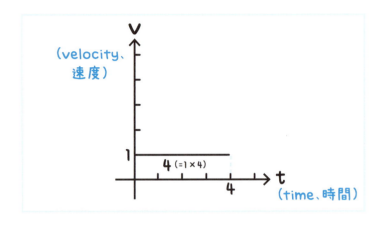

 何か気づきますか？

 図の中に長方形ができました！

長方形の縦×横の値が距離

 冴えていますね！
今回、速度がどの時間でも同じなので、傾きのないまっすぐな線が引かれ、図の中に長方形が現れるというわけです。
このように、**「ずっと同じ速度で進むこと」**を「等速」

といいます。

等速の場合、時間×速度で距離になると話しましたが、じつはこの長方形の面積も縦（=1）×横（=4）で求められます

そうですね！　距離と面積が同じ値です！

縦軸が速度で横軸が時間なので、当然と言えば当然ですよね？　さきほど、速度＝傾きという話をしましたが、同じように、**距離＝面積**というわけです

でも、よく考えたら、人はずっと同じ速度で歩き続けることなんてないですよね……？

すばらしい疑問ですね！
それについては、このあと詳しくお伝えしましょう！

「等速でない」ときこそ、微分積分の出番!

「等速でない」とき、「はじき」は使えない

さきほどエリさんが指摘してくれたように、人が歩くときは、小走りになったり、立ち止まったり、ペースを落としたりすることのほうが多いと思います。
このように**速度が一定ではない場合、どのようにして傾き（変化率）を求めればよいか**について一緒に考えてみましょう

はい！

さきほどの事例と同様、「1秒のときは2m先の場所にいて、5秒のときには6m先の場所にいた」ということはそのままにして、グラフを描いてみましょう。
走ったり、ゆっくり歩いたり、あるいは逆走したり、といったシーンを想定して適当に描いてみます

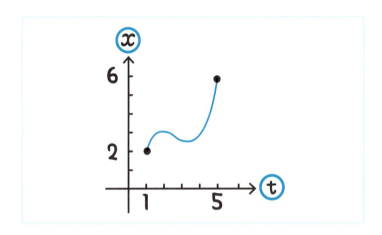

なんだか胃もたれしているような形ですね！

お酒を飲んだ翌日の胃ということにしましょう（笑）。
さあエリさん、ストップウォッチが2秒を指すときの速度はどうなりますか？

等速ではないから、さきほどの計算方法は使えないのでは……？

そのとおり！　引っかかりませんでしたね。
エリさんのいうとおり、2秒だけでなく、3秒や4秒だったとしても、これまでの計算方法を使うことはできませ

んよね。

そこで、いよいよ微分の登場というわけです!

おー!

次の章に入る前に、ここまでのおさらいをしましょう。微分積分を理解するうえで、大事なことがいくつかありました。なんでしたか?

ええと、関数とグラフですね!

バッチリですね!
あとは、傾きについても学びました。
これらが身に付いていれば、次の章から説明する微分を必ず理解できるようになります。
理解度も、このままの傾き(変化率)でいきましょう!

第1章

微分とは何か？

LESSON 1

微分とは、めちゃくちゃ小さな変化を見ること

適当な2点をピックアップすれば一気に解決！

 前章の最後に登場した図をもう一度登場させましょう。等速ではない場合に、2秒や3秒、4秒などの「瞬間の速度」をどうやって求めればよいか、ということでしたね

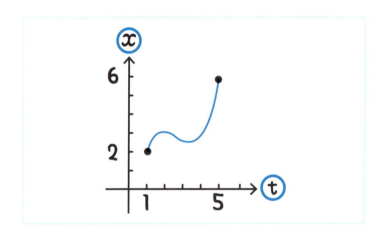

線がグニャグニャしているので、きちんと計算できる気がしません……

直線の場合、線上のどの点をとっても一定の傾きでしたが、曲線の場合はそうはいきません。
そこで、微分の登場というわけです！
エリさん、まずは適当な点を2点ピックアップしてみてください

ん？　なんで、2点もピックアップするんですか？
求める速度が「瞬間の速度」なら、1点だけピックアップすればいいはずですよね？

変化は2つの数字を比べてはじめて実感できる

エリさん、いいところに気が付きましたね！
歩いているときの傾き（変化率）を求めたときのことを思い出してください。点はいくつありましたか？

2点です！

そうです、そのときと同じです。**傾き（変化率）を求める場合、たとえ「瞬間の速度」だったとしても、2点を**

取らないとうまく計算できないのです。

ダイエットをしているとき、体重を計って一喜一憂するのはなぜですか？

その前に計った体重よりも、増えたり減ったりしているからです！

そう、前の体重と比較しているからですよね？
ダイエットをしているときの体重の変化と同じように、**傾きを求めるには、2 点が必ず必要になる**わけです

なるほど！　そういうことか～！

では、実際に傾きを求めてみましょう！

「平均の速度」を記号で表してみる

第1章 微分とは何か？

まずは好きな場所を2点選んでみよう

どの場所でもいいので、グラフの曲線上に、好きな点を2つ選んでもらえますか？

選びました！　これでいいですか？

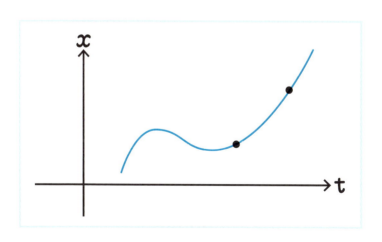

OKです。3秒や4秒など具体的な数字ではなく、一般的に考えるため、仮にその2点を t、t+Δt とします

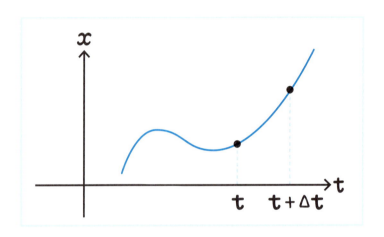

……あれっ？ Δ ってなんですか？
前に、微分積分に登場する記号はリミットとインテグラルの2つだけといっていましたよね？　話が違うじゃないですか！ t+Δt なんて、意味不明です（涙）

Δ は、微分積分で使う記号というより、理科などほかの科目でも登場する、もう少し一般的な記号です。
前にお話しした2つの記号とは違い、Δ に命令の意味はありません。

Δ も、意味さえ理解できれば、まったく怖がる必要はないことがわかりますから安心してください。

では、さっそく説明しますね。

t は、前にもお伝えしたとおり、「time」の t です。

Δ は「変化」を表す記号で、デルタといいます

Δ（デルタ）の意味

Δx のように、**何か別の文字と一緒に使うことで、その文字が意味するものの「変化」を表すことができます**

「変化」ってどういうことですか？

たとえば、x が位置であれば、Δx は「位置の変化」を表し、t が時間であれば、Δt は「時間の変化」を表します。なので t+Δt というのは「t よりも Δt だけ変化したところ」という意味なんですね。決して、Δt は Δ×t という意味ではありません。Δ の後ろの文字は「○○の変化ですよ」という"印"の意味しかもたないんです。

エリさん、ここまでは理解できますか？

なんとか……（汗）。

では、「変化した事実」そのものを表すということは、Δ

はΔ3やΔ4みたいに具体的な数字が後ろにくることはないってことでしょうか？

ハイ、そのとおりです！

では、たとえば、「t=3 だとすると、Δt は Δ3 になるから、3 移動したことを表す」というふうにはならないってことですね？

ハイ、エリさんの理解で合っていますよ。
Δ はあくまで y や x、t などとセットで使うんです。そうしないと「○○の変化ですよ」というメッセージになりませんから。

なるほど！ Δ だけでも使えないんですね……

Δ は、何かとセットになってはじめて機能する記号と考えてもよいかもしれませんね

Δ デルタ
- 他の文字（x, y, t, v など）と一緒に使う
- 後ろに付く文字の「変化した量」を表す

ではエリさん、なぜ、ここの点を「$t+\Delta t$」と表現しているのかわかりますか？

ウッ！　あの、えっと……

Δt は、「t から進んだ時間」だけを表していますよね。なので、t に Δt を足すことで、はじめて**「t よりも Δt だけ経った時間」**を表せるというわけです

なるほど！　わかりました！

ところでエリさん、傾きを計算するには、何が必要でしたっけ？

まさかの抜き打ちテスト！
ええと、距離÷時間だから、$\dfrac{縦軸の変化}{横軸の変化}$ でしょうか？

冴えていますね！ 正解です！
ところが縦軸には x としか書いてありませんよね？

そういえば、そうですね……

これでは、いくら冴えているエリさんといえども、縦軸の変化を求めようがありませんよね？

はい……、どうすればよいのでしょうか？

"関数"のグラフとして考える

グラフが描かれているということは、その背景に何らかの関数が関わっているはずです。

そこで、仮にこのグラフは、$x = f(t)$ というグラフだとしましょう。

久しぶりに見る記号ですね。エリさん覚えていますか？

はい！ 大丈夫です！ こういうことですよね？

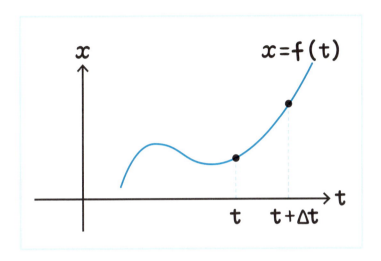

 そうですね。

この場合の式を翻訳すると、「fという箱にtを入れたら、xとなって出てくる」という意味になります。

では、改めて質問です。この2点は縦軸で何と表現すればよいでしょうか？

 うーん……。$f(t)$のtにそのまま当てはめればいいわけだから、**tの縦軸の値は$f(t)$、$t + \Delta t$の縦軸の値は$f(t + \Delta t)$** ではないでしょうか？

 大正解です！！ 次の図のようになります

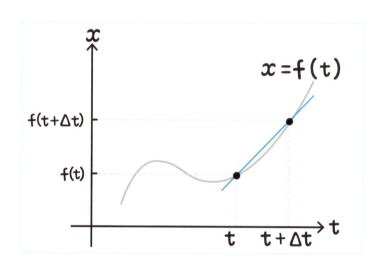

 これで、傾きを求めるうえで必要な材料が揃いました。
傾きをさらに求めやすくするために、2点を結ぶ直線を引いておきます。では、横軸・縦軸の変化はどう表現できますか？

 横軸は、$(t+\Delta t)-t$ だから、Δt。
縦軸は、$f(t+\Delta t)-f(t)$……!?　わ、わかりません！

 両方、合っていますよ！
次のように考えてみることもできませんか？
横軸が時間を表す t で、横軸の変化が Δt なわけですよ

ね？ ということは、縦軸が距離を表す x ならば、縦軸の変化はどのように表せるでしょう？

Δx でしょうか？

そのとおりです。もちろん、Δx の正体は今調べたように $f(t+\Delta t) - f(t)$ なわけですが、横軸の変化が Δt と簡潔に表されているので縦軸の変化も Δx と書いてシンプルにしましょう

わかりました！

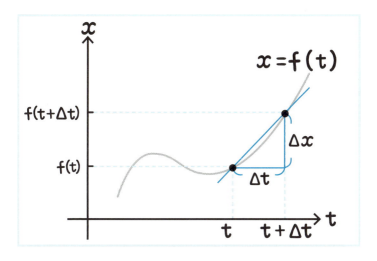

まとめると、横軸の変化は Δt、縦軸の変化は Δx なので、傾きは $\Delta x \div \Delta t$ で $\frac{\Delta x}{\Delta t}$ となります。

もちろん Δx を使わず、$f(t+\Delta t)-f(t)$ を使って $\frac{f(t+\Delta t)-f(t)}{\Delta t}$ と表現しても OK です。これで、t と t+Δt の間の傾きを求められます。**この 2 点の傾きのことを「平均の速度」といいます**

あれ？ 平均の速度ということは、t と t+Δt の速度の「平均」ということですよね？

ハイ、そのとおりです

でも、たしか「瞬間の速度」を求めるはずだったのでは……？

ご名答！ いま計算したのは、t と t+Δt の間の「平均」なので、「瞬間の速度」ではありません。

わざわざ計算した理由は、この計算は**「瞬間の速度」を計算するために欠かせない準備運動だから**、です

「瞬間の速度」は「接線」でわかる

第1章　微分とは何か？

「平均の速度」を「瞬間の速度」に変える

いよいよ、ここからが微分の本番です！

はい！（ドキドキ……）

それでは、「瞬間の速度」を求めていきますね。
さきほど、tとt+Δtの2点をエリさんに選んでもらいました。
仮にt+Δtを、次の図のように、tに限りなく近づけていくと、どうなるでしょう？　つまり、Δtを0に限りなく近づけるということです

傾きが変わる……!?

そのとおりです！

2点を近づけると……

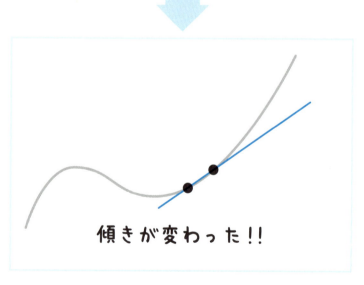

傾きが変わった!!

傾きが変わるだけでなく、2点の幅が小さいほうが、平均の振れ幅もなんとなく小さくなるような気がしませんか？

たしかに！
たとえるなら、テストの点数が50点の人と70点の人の平均値より、60点と61点の人の平均値のほうが、実際の値に近い気がします！

そのとおりです

2点を極限に近づけて、瞬間の速度をつくる

ということは、2点を無限に近づけたとしたら、どうなるでしょうか？

なんだかいい感じの値が出てきそうです！

2点を「めちゃくちゃ近づける」と、「瞬間の速度」に近づきそうですよね。
では、見た目にはわからないくらいに2点をさらに近づけてみると、図（次ページ参照）のようになります

あれっ？1点になっちゃった！

2点があまりにも近づきすぎて重なっていると考えてください。

それにともない、2点を結んでいた直線が曲線に「接している」ように見えるようになりましたね？ こういう線を「接線」といいます

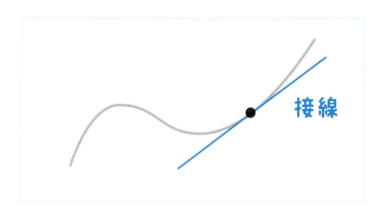

ここまでいいですか？

はい！ OK です！

では進めましょう。

ここまでで、t+Δt を t に重なるくらい近づけました。こんなふうに**2点を「極限」まで近づけるとき、微分では**

「lim」という記号を使います

Δt をやっと理解できたと思ったら、また新たな記号が……（泣）

「lim」を使って瞬間の速度を計算

まあまあ、まずは私の説明を聞いてください。
「lim」は「limit」の略で「リミット」と読みます。
エリさんもご存じのように、限界という意味ですね。
前にお話ししたとおり、リミットは命令の意味を持っています。エリさんの「道案内係」なんです。
「lim」は、その下に命令内容を書き、**「右の式について、その命令のとおりに、ある量をある値に限界まで近づけなさい」**ということを意味する記号です。
たとえば、x を a に限りなく近づけたかったら lim の記号の下に $x \to a$ と書きます。矢印を使うんですね。
なので、今回のように Δt を限りなく 0 に近づけたかったら lim の下に $\Delta t \to 0$ と書くわけです。
ということは、いま考えている接線の傾きは、次のように書くことができます

$$\lim_{\Delta t \to 0} \frac{\Delta x}{\Delta t} = \lim_{\Delta t \to 0} \frac{f(t+\Delta t)-f(t)}{\Delta t}$$

これが「瞬間の速度」を表す式になるというわけです。
2個目の式は、Δx を書き換えただけですね

なんだか謎解きゲームの暗号みたい……（汗）

では、その暗号を一緒に読み解いていきましょう！
まず、lim ですが、これはどういう意味でしたか？

ええと……、「限りなく近づけなさい！」です

バッチリです！
lim という言葉の下には、$\Delta t \to 0$ とあります。
なので……

「Δt を限りなくゼロに近づけなさい」 ということですか？

そのとおりです。
では、その隣にある $\frac{\Delta x}{\Delta t}$ はなんでしょうか？

このグラフの傾きですよね？
ということは、「**Δt を限りなくゼロに近づけたときの $\frac{\Delta x}{\Delta t}$**」が、瞬間の速度を表す式であるということですか？

すばらしい！　大正解です！

lim の数式は簡略化できる

ちなみに、いま読み解いた数式は、もう少し簡単に表現する方法もあります。
もっと短く書ければ、見えやすくなりますし、混乱せずに済みますよね。次のように書くことができます

$$\lim_{\Delta t \to 0} \frac{\Delta x}{\Delta t} = \frac{dx}{dt}$$

読み方は、「*x* を *t* で微分する」です。
これを翻訳すると、「**x のめちゃくちゃ小さな変化を、t**

のめちゃくちゃ小さな変化で割る」ということになります。
だから、わざわざ Δt → 0 とか、lim とか、記号を書かなくてもいいわけですね

なるほど！
英語で as soon as possible を ASAP と短縮するのと似ていますね！

そうきましたか！
「意味が同じものを短く言う」という点では一緒かもしれませんね

$\dfrac{dx}{dt}$ の d には、どのような意味があるのですか？

d は「difference」の頭文字をとっていて、Δ と同じく「変化」を表す記号です。Δ のときと同じで、右にある文字とセットで使う記号なので、$\dfrac{dx}{dt}$ を d で約分して $\dfrac{dx}{dt} = \dfrac{x}{t}$ などとはできません。
「有限の変化を表す記号」が Δ で、「無限に小さい変化を表す記号」が d だということですね

そうか！
「微分とは顕微鏡でモノを見るようなこと」とたくみ先生がいったのは、「小さいものを調べる」という点で同じだからということだったんですね！

そのとおりです。
微分の本質がしっかり理解でき始めているようですね！
さっそく、実際に問題を解いてみましょう！

微分の練習問題①

$y = 6x$ を微分せよ

うっ……！　いきなり手も足も出ません……

突然でビックリしましたか？

は、はい……。
いままで学んできたことをどう活かせばいいのか見当もつきません……

大丈夫！
教えてきたことを使えば、解けますよ。問題文の意味から一緒に考えていきましょう！

はい！

まず、$y=6x$ をグラフで描いてみます。つまり、高校数学っぽく言えば、$f(x)=6x$ としたときの $y=f(x)$ のグラフを描くということです。

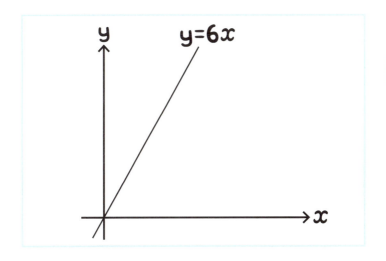

上の図のように、右上に向かって伸びるグラフであることがわかりますね。
エリさん、ここまで大丈夫ですか？

は、はい！

念のため、復習も兼ねて質問しますね。
図のように横軸が x、縦軸が y とする場合、横軸が x の値を示すとき、縦軸の値はどんな式で表せるでしょうか？

えーと……、$y = 6x$ というグラフだから、横軸が x のとき、

縦軸の y は $6x$ です！

正解です！
では、x から Δx だけ移動した点は、どのように表現できますか？

$x+\Delta x$ でしょうか？

ハイ！ OK です。
横軸の点が $x+\Delta x$ の場所にある場合、縦軸はどうなりますか？

$f(x)=6x$ の x の部分に $x+\Delta x$ を当てはめればいいから、$f(x+\Delta x)=6(x+\Delta x)$ なので、縦軸の値は $6(x+\Delta x)$ でしょうか？

いいですね〜！
エリさん、いうことなしですよ。
いま、エリさんが答えてくれた内容をグラフにまとめると、次の図のようになります

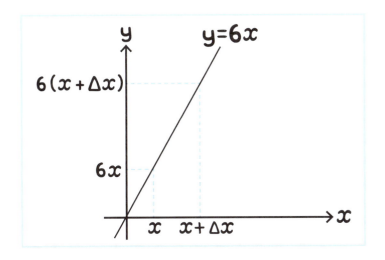

 おー！ こうやってグラフになると、色々と整理されているので解けそうな気がしてきました！

 ここで改めて、問題を見てみましょう。
$y=6x$ を微分せよ、というのが問題でしたね。微分は小さな何を見るものでしたか？　二文字で答えると……

 「変化」です！

 そうですね。では、この問題の場合、どこの変化を見るのでしょうか？

もしかして、$x + \Delta x$ と x の間の変化ということでしょうか？

そのとおりです！
ただし、「$y=6x$ を微分せよ」なので、x と y、両方の変化を見ていきます。
前に、「x（縦軸）のめちゃくちゃ小さな変化を、t（横軸）のめちゃくちゃ小さな変化で割る」という話をしましたね？
あのときと同じく、縦軸の変化を横軸の変化で割る場合、どんなふうに表現できますか？

$\frac{\Delta y}{\Delta x}$ でしょうか？

そのとおりです。**Δx を限りなくゼロに近づけるので、lim を使うと、$\lim_{\Delta x \to 0} \frac{\Delta y}{\Delta x}$ と表せます。**
では Δy は、具体的にはどんな式で表せますか？

変化を考えればいいので、$6(x+\Delta x) - 6x$ ですかね？

エリさん、いい調子ですね！　では、式にしてみましょう

$$\frac{dy}{dx} = \lim_{\Delta x \to 0} \frac{\Delta y}{\Delta x} = \lim_{\Delta x \to 0} \frac{6(x + \Delta x) - 6x}{\Delta x}$$

 こんなふうに書くことができます。
さっそく、6を分配して計算を続けましょう！

$$\frac{dy}{dx} = \lim_{\Delta x \to 0} \frac{6x + 6\Delta x - 6x}{\Delta x}$$

 この後は、どうなるでしょうか？

 $6x$ がなくなるので、こうでしょうか？

$$\frac{dy}{dx} = \lim_{\Delta x \to 0} \frac{6\Delta x}{\Delta x}$$

第1章　↓↓↓　微分とは何か？

いい感じですね！ ここでもう一度、式をよく見てほしいのですが、分母と分子に共通するものはありせんか？

 Δx です！

 ということは、Δx は次のように約分できますね

$$= \lim_{\Delta x \to 0} \frac{6\cancel{\Delta x}}{\cancel{\Delta x}}$$

 なので、答えは……

$$\frac{dy}{dx} = 6$$

 6になった！

 ハイ、それが答えとなります！

 やったー！ でも、答えが6なのは何となくわかるので

すが、なぜ最後に $\lim_{\Delta x \to 0}$ がなくなってしまうんですか？

いい質問ですね。そもそも $\lim_{\Delta x \to 0}$ は、どういうときに書く記号でしたっけ？

ええと、右側にある式の Δx を 0 まで近づけるときです

そうですよね。さきほど約分して、Δx はなくなりました。だからもう残す意味はありませんね

なるほど！　そういうことか！　えっと、今回のこの結果はどのように解釈すればいいんでしょうか？

微分とは瞬間の傾きを調べることだったので、$\dfrac{dy}{dx}=6$ という結果は「どの瞬間も傾きが6である」という意味です

「どの瞬間も」って言われると、なんだか微分した甲斐がありませんね……

そうですね（笑）。でも、微分した答えに x が入っていたら場所によって傾きが変わることになりますよね？次はそんな問題を扱います！

微分の練習問題②

$$y = \frac{1}{2}x^2 \text{ を微分せよ}$$

出たーっ！ 二乗！

二乗があるせいで、少し難しく感じるかもしれませんが、いまのエリさんなら落ち着いて問題に取り組めば、絶対に解けますよ！

頑張ってみます！
えーと、たしか、二乗の関数は放物線のグラフになるんじゃなかったっけ？

いいですね！ 合っていますよ！
では横軸が x、縦軸が y のグラフを描いてみてください

はい！
こんな感じでしょうか？

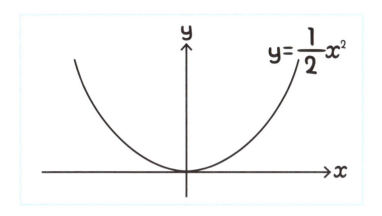

 そのとおりです。横軸の値が x のとき、y は $\frac{1}{2}x^2$ になりますね。では、x が $x+\Delta x$ の場合の y の値はどうなるでしょうか？

 ちょっと待ってくださいね……。横軸が $x+\Delta x$ で、これを $y = \frac{1}{2}x^2$ という数式の x のところに当てはめると、$\frac{1}{2}(x+\Delta x)^2$ でしょうか……？

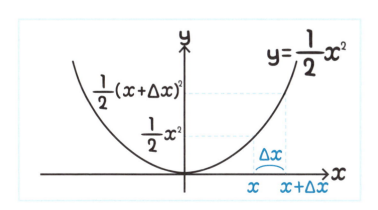

エリさん、冴えわたっていますね！ 正解です。
では、さっそく計算していきましょう！

はい！ 最初はこうなりますよね

$$\frac{dy}{dx} = \lim_{\Delta x \to 0} \frac{\frac{1}{2}(x+\Delta x)^2 - \frac{1}{2}x^2}{\Delta x}$$

そうですね。$(x+\Delta x)^2$ はどのように計算すればよいですか？

えーと、$(x+\Delta x)(x+\Delta x)$ ということですよね？ だから、左の x と Δx を順に右側にかけていけばよいから……。

$$(x+\Delta x)(x+\Delta x) = x^2 + x\Delta x + x\Delta x + (\Delta x)^2$$
$$= x^2 + 2x\Delta x + (\Delta x)^2$$

これで合っていますか？

そのとおり！
その結果をさきほどの式に入れてみましょう

こうかな……？

$$= \lim_{\Delta x \to 0} \frac{\frac{1}{2}\{x^2 + 2x\Delta x + (\Delta x)^2\} - \frac{1}{2}x^2}{\Delta x}$$

合っていますよ。その先は？

えっと、$\frac{1}{2}$ を分配して……。こんな感じでしょうか？

$$= \lim_{\Delta x \to 0} \frac{\frac{1}{2}x^2 + x\Delta x + \frac{1}{2}(\Delta x)^2 - \frac{1}{2}x^2}{\Delta x}$$

$$= \lim_{\Delta x \to 0} \frac{x\Delta x + \frac{1}{2}(\Delta x)^2}{\Delta x}$$

いいところまできましたね！ そこから先はどうしましょうか？

練習問題①では、分母と分子にある Δx は約分しましたよね。だからここでも約分するとして……。

$$= \lim_{\Delta x \to 0} \left(x + \frac{1}{2} \Delta x \right)$$

あれ、ここから先はどうすればいいんだっけ？

ここで使っている lim の意味はなんでしたか？

「Δx を 0 に限りなく近づけなさい」です

そうですよね。なので、上の数式にある Δx を 0 に置き換えてみましょう

ということは……

$$= \lim_{\Delta x \to 0}\left(x + \frac{1}{2}\Delta x\right)$$
$$= x + \frac{1}{2} \times 0$$
$$= x$$

つまり、$x+0$ となるから、x が答えということですか？

正解！　おめでとうございます！　じつはこの問題とほぼ同じ問題が、過去にセンター試験で出題されています

ということは、この問題が解ければ免許皆伝ですか!?

ハイ、微分についてはほぼ皆伝といってもいいでしょう

やったー！　それにしても微分の問題は、記号をたくさん使っているわりに、あっけなく解けますね

そうなんです。私がホームルームで「小学生でも解ける」といった理由がそこにあります

なんだか楽しくなってきました！

微分の練習問題③

$y = x^3$ を微分せよ

三乗の計算なんて、私に解けっこないですよ！

ここまできたら、二乗も三乗も同じですよ。
$y = x^3$ をグラフにすると、次のような感じになります。

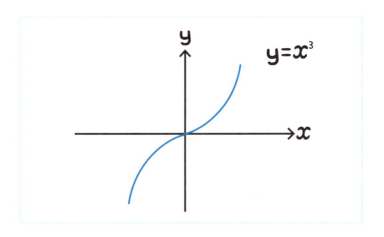

三乗の計算方法についてはフォローしますね。受験生の多くは三乗の計算方法の公式を覚えているものですが、

エリさんには本質が理解できるように易しく教えます。
まず $(a+b)^3$ というのは、$(a+b)$ を 3 回かけなさいという意味です。ここまでは OK ですか？

はい！　大丈夫です

そのまま 3 回かけようとすると、計算が複雑になり、かつ慎重さが求められます。そこで、**3 回かけるのではなく、1 回と 2 回かける大作戦**です！

1 回と 2 回かける大作戦……？

$(a+b)^3$ を $(a+b)\times(a+b)^2$ にしてしまうということです。
エリさんは、二乗の計算はできますか？

たぶん……（汗）

ではちょっと計算してみましょう。
$(a+b)^2$ を計算すると、どうなりますか？

えーと、$(a+b)\times(a+b)$ を計算すればよいわけだから……

$$(a+b)^2 = a^2 + ab + ba + b^2$$
$$= a^2 + 2ab + b^2$$

これで合ってますか？

そうですね。では、それに (a+b) をかけてみましょう

(a+b)×(a^2+2ab+b^2) ということですね。
ええと、a と b をそれぞれかけるので……

$$(a+b)(a^2+2ab+b^2)$$
$$=a^3+2a^2b+ab^2+a^2b+2ab^2+b^3$$
$$=a^3+3a^2b+3ab^2+b^3$$

バッチリですね！ ここまでできれば、大丈夫！
では、$\dfrac{dy}{dx}$ を計算してみましょう

わかりました！

$$\begin{aligned}
\frac{dy}{dx} &= \lim_{\Delta x \to 0} \frac{(x+\Delta x)^3 - x^3}{\Delta x} \\
&= \lim_{\Delta x \to 0} \frac{x^3 + 3x^2\Delta x + 3x(\Delta x)^2 + (\Delta x)^3 - x^3}{\Delta x} \\
&= \lim_{\Delta x \to 0} \frac{3x^2\Delta x + 3x(\Delta x)^2 + (\Delta x)^3}{\Delta x} \\
&= \lim_{\Delta x \to 0} \{3x^2 + 3x\Delta x + (\Delta x)^2\} \\
&= 3x^2
\end{aligned}$$

 エリさん、免許皆伝です!

 やった〜! それにしても、三乗の問題を解けると、なんとも清々しい達成感がありますね!
これでセンター試験もバッチリだったりして……!?

 そうですね、少なくとも計算問題に関しては、センター試験の入り口に立てたと思います!

 それはうれしいです!

 ちなみに、じつは、微分の計算問題がカンタンにできる

方法もあるんですよ

えっ、本当ですか？

次のような公式です

x^n を微分すると、nx^{n-1} になる

nx^{n-1} ってどういうことですか？

実際に数字を入れて計算してみたほうが、理解しやすいと思います。x^3を微分するとどうなりますか？

x^nを微分すると、nx^{n-1} なのですよね。x^3だから、$3x^{3-1}$ で、$3x^2$が正解でしょうか？

正解です！ xを微分するとどうなりますか？

ええと……。xは、x^1なので、1が降りてきて、$1x^0$だから……。ん？ x^0ってどうしたらいいんですか？

数の 0 乗は 1 になるので、x^0 は 1 のことです。そうすると、x の微分は 1 ということになりますね？

ほほー！　わかってきました！

また、$6x$ などを微分する際にこの公式を使うときには、x の前に付いている 6 は一度無視してしまって大丈夫です。つまり、$6x$ の x の部分だけにこの公式を適用して $1x^0$ で 1 になる。そして最初に無視した 6 を最後にしっかりかけてあげる。そうすると、6×1 で 6 になるので先ほど計算した結果と一致しますね

もうひとつぐらい例がほしいです……！

はい。じゃあ $\frac{1}{2}x^2$ でも同じように考えましょう。まずはじめに $\frac{1}{2}$ は無視します。そして x^2 に対して先ほどの公式を使って $2x$ になります。最後に、はじめに無視した $\frac{1}{2}$ とかけて $\frac{1}{2} \times 2x$ で x になるというわけです

おぉぉ！　それにしても、どうして最初から、このスペシャルな公式を教えてくれなかったんですか？　これな

ら、カンタンに計算できたのに！

じつは、微分の計算自体はカンタンなんです。ただ、過去のセンター試験において練習問題②に似た問題が、計算の「過程」が空欄になって出題されたんです。いわば、微分の意味そのものを問う問題です。

この問題に対して、多くの受験生が閉口してしまいました。それまで、公式に当てはめて解いていただけの人は、計算の過程なんてわからなかったわけです。当然、その問題の正答率は低かった。

だからエリさんには、ちゃんと意味を理解した上で、計算できる力をつけておいてほしいと思って、あえて最後に紹介したんです

たくみ先生の愛のムチということですね！

世界では微分が どのように 使われている？

第1章 ↓↓↓ 微分とは何か？

株価の分析にも微分が使われている

ホームルームで、微分がホームランの推定飛距離の計算に使われているとお話ししました。エリさんの微分に対する理解が深まってきたので、本章の最後に、もう少し突っ込んだお話をしてみましょう

よろしくお願いします！

微分は株価の分析にも使われています。たとえば、次のような株価のグラフがあったとします

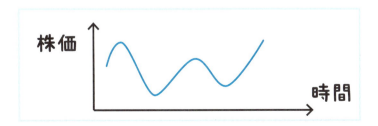

縦軸が株価、横軸が時間になります。
図のように、一定時間、株価を計測しては、グラフ化していきます。そして、グラフの変化から株価を分析しているのです

もしかして、たくさんの点（株価）をひとつひとつ見ていかなければならないのでしょうか……？　もしそうなら、気が遠くなりそうですね……

エリさんのいうとおり、すべての点を追うのはとても大変ですよね。そんなときに使うのが……

もしや微分ですか!?

ご名答！
すべての点の変化を追っていくと、作業量が膨大になってしまいます。
そこで、**いくつかの点を抜き出して変化を調べ、それらをもとに株価が上り調子にあるのか、下り調子にあるのか、あるいはどのようなタイミングで天井の値をとり、どのようなタイミングで底値になるかを分析する**わけです

なんと……超効率的ですね！　さすがです。
抜き出す箇所は、どのようにして決めているのですか？

グラフが急激に上がっていたり、下がっていたりする箇所はもちろんですが、もうひとつの重要なポイントは、**「ゼロ地点」**です

ぜ、ゼロ地点……？

株価の分析には「ゼロ地点」が欠かせない

微分で答えがゼロになるときを想像してみてください。
微分で答えがゼロということは、接線の傾きがゼロということになりますよね？
このグラフでいうと、どの部分になると思いますか？

ええと、たとえば、こことかでしょうか？

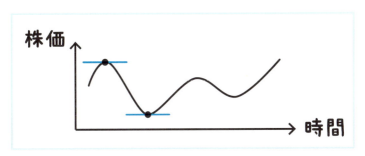

いいですね！　正解です。
どちらも、ちょうど山と谷の頂点にあたるところですね。ちなみに数学的には、**高い山の頂点になっているところを「極大（きょくだい）」、低い谷になっている頂点を「極小（きょくしょう）」といいます**

なるほど、その周りでの「最大」と「最小」ということですね。その地点と変化を求めることが、株価にどう関係があるんですか？

たとえば、株価のデータをすべて追わなくても、その微分、すなわち接線の傾きを見てさえいれば、その値がゼロになった瞬間が株価の天井や底値だとわかるわけです。銀行や証券会社などの金融機関の人たちは、日々、そういった変化を追いながら取引をしています。過去のデータや最新のデータをもとに、そういった重要な地点の傾向を分析し、予測に役立てているわけです

では、一般の人も、こうやって地道に計算をすれば、株価について、金融機関の人たちと同じような読みができるようになるかもしれませんね!?

なかなかそう簡単にはいきませんが、株の勉強をしっかりとやっていくと、必ずこの「微分」の考え方に出合います。いずれにしても、ここでの結論としては、**要所要所の地点での微分を調べることによって、株式投資について、ある程度の傾向を掴んだり、未来の予想ができる**ということです

株価チャートにまで微分が使われているとは知りませんでした！　それにしても、世の中には、微分を使う仕事があるなんてビックリです！

ハイ、**金融機関には「クオンツ※」と呼ばれる、高度な数学・物理の知識を用いて市場動向の予測や分析、金融商品の開発などを行っている専門職の人がいます。**
大学時代や大学院時代の私の同級生には、クオンツになった人がたくさんいますよ。
エリさん、前よりも、微分を身近に感じられるようになりましたか？

はい！　かなり！

では最後に、現実問題に対して微分を使う際のプロセス

※「Quantitative（数量的、定量的）」から派生した用語

をまとめてみましょう。株価の分析以外にも役立つことはたくさんあるんですよ。

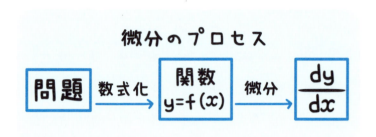

まずは何か解決したい「問題」を数式に直して「関数」にします。そしてその関数を「微分」し、その値を調べて分析するのです。変化には重要な情報がたくさん詰まっていますから

なんだかカッコいい……！

これで微分の解説は、終わりです！　次章から積分の解説に入ります！

第2章
積分とは何か？

速度が一定でないとき積分が役に立つ

等速ではないとき、距離はどう求めればよい？

実際に、微分の練習問題を解いてみてどうでしたか？

思った以上に解けたので、驚いてしまいました！

それは、よかった！
微分が理解できるなら、積分も必ず理解できますよ！

なんだか、以前よりも微分積分が怖くなくなった気がします！

いいですね！ では、その調子で、さっそく積分の説明に入りましょう！
前に、エリさんに距離＝面積だという話をしましたよね？

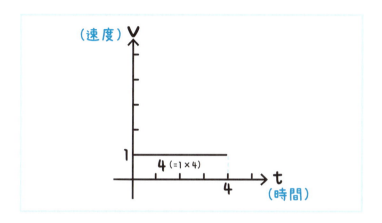

速度が等速の場合、「速度 × 時間」で、距離が求められます。
図のように長方形のような形になるので、面積を求めるのにも苦労しませんでした。ここまではいいですか？

はい、OK です！

ところが、等速ではなくなったとたん、従来の「はじき」の公式が使えなくなります。
そこで、いよいよ積分の出番というわけです！

「はじき」に代わるニュースターの誕生ですね！

長方形でないグラフでも面積は求められる！

等速でない場合の計算方法について考えてみましょう。
微分では、エリさんが歩く速度などをもとにグラフを描きましたが、積分では、エリさんが車を運転している例にしましょう。

グラフは、車の速度と距離の数値をもとに作成していると思ってください。縦軸は v（速度）、横軸は t（時間）でしたね。下の図のように、速度が上下に変化すると仮定します。このa秒からb秒までに進んだ距離を求めます

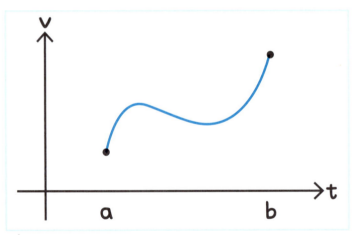

うーん、見事に線がグニャグニャと曲がっていますね……

ハイ、こういったグニャグニャのグラフの面積を求めるのが積分になります。

次の図のように囲った部分を求めてみます

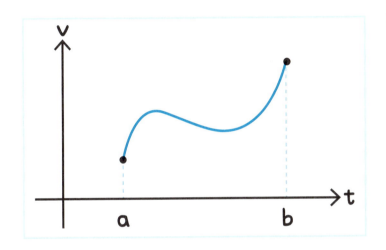

この図を見ただけで、面積を求めるなんて私には絶対にムリ！　という気持ちがわき上がってきてしまいます……（涙）。

チャチャッと解けるようなラクチンな計算方法は、ないんでしょうか？

こういったグニャグニャした形の面積を求めるための公

式は残念ながらありません

ガ——ン！　たくみ先生は、数学の魔術師じゃなかったんですか（泣）!?

円とか楕円、台形などであれば、工夫をすればまだ求められるのですが、このカオスな状態は、手の施しようがありません

ということは、私が一定のスピードで運転するしかないのでしょうか……？

当然、そんなわけにはいきませんよね（笑）！　エリさんは人間ですから、寄り道をしたくなるときもあれば、運転のスピードが落ちることもあるでしょう。そこで、このグニャグニャの形の面積を求めるための武器を授けます

本当ですか！　私でも使いこなせる武器でお願いします！

求めたい面積の中に「短冊」を描いてみる

第2章 → → → 積分とは何か？

グニャグニャした形も「長方形」にして求める

エリさんも一緒に考えてほしいのですが、どうすればこのグニャグニャの形の面積を求められると思いますか？

うーん、公式はないんですよね……

そう、公式はないので考える必要があります。さきほど面積を求めましたよね？ その方法を使ってみると、どうなりますか？

うーん、その形に近い長方形で考える、とか……？

すばらしい！ 途中までは合っていますよ。要はですね、私たちは長方形のようにピシッとした形なら求められるわけです。なので、**求めたい面積の中を長方形でできる**

限り埋めてしまえばいいのです。

仮にグニャグニャした形が湖だとしたら、その上に長方形のタイルをビッシリ敷き詰めるようなイメージです。というわけで、このグラフの中に、できるだけ多くの長方形を描いてみてください。その際、グラフを上にはみ出してもよいので、すべての長方形の左上の角がグラフの線に重なるようにしてください

ハイ。こんな感じでいいでしょうか……？

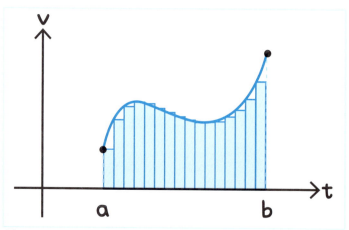

ベリーグッドです！
ではここから、面積を求めます。試しにこの中から、ひとつだけ長方形を取り出してみましょう

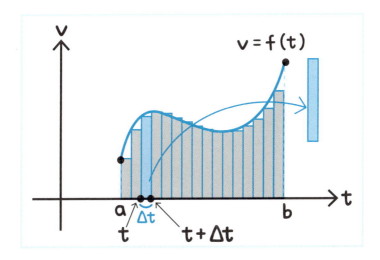

 この長方形の横の長さは、どの幅も Δt とします。

 左端が t で右端が $t+\Delta t$ だから、その差の $(t+\Delta t)-t=\Delta t$ が幅ってことでいいんですよね？

 そのとおりです！

関数を見て高さを知る

 では、長方形の縦の高さ（縦軸）はどんなふうに表せる

でしょうか？　ちなみに、このグラフは、v=f(t)というグラフだとします

たしか微分では、横軸がΔtのとき、縦軸はΔxでしたよね。今回は縦軸が速度を表すvなので、Δvではないですか……？

ブブー！　残念ながら、不正解です

えっ、どうしてですか？　自信があったのに……

少し整理してみましょう。微分はそもそも、何をするためのものですか？

「変化を見る」ためのものです

そのとおりです。
だから、縦の長さを表すために、f(t+Δt)-f(t)と計算して、その「差」を表そうとしたわけですね

はい、そこまではわかります

ところが今回求めるのは、「変化」ではなく「高さ」で

す。つまり、横軸がtだったときの縦軸の「点」が必要なわけです。

そしてグラフの二次関数は v=f(t) とわかっている。

となると、改めて、横軸がtのときの高さ（縦軸の点）はどうなりますか？

えっと……、横軸がtなのだから、そのままtを f(t) に入れて、f(t) が正解ですか？

バッチリです！　整理すると、高さ（縦軸）は f(t)、幅（横軸）は Δt ということになります

長方形の面積 =（縦軸の高さ）×（横軸の長さ）
　　　　　 =　　　f(t)　　　×　　　Δt

長方形の
スキマ問題を考える

スキマを埋める方法

長方形の面積を求める材料が揃いましたね！

たしかにグラフ内にあるすべての長方形の面積は求められるけど、グラフ自体がグニャグニャしているので、グニャグニャ部分と長方形の間にスキマができたり、ハミダシが出たりしてしまいますよね？　下の図のようなスキマは、どうすればいいんですか？

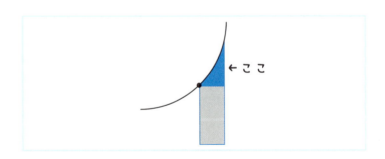

鋭い指摘ですね！

エリさんのいうとおり、現在の長方形をそのまま計算しても、スキマがあるので、アバウトな答えしか出せませんよね。

でも、エリさんが描いてくれた長方形を、もっと細長くするとしたらどうでしょうか？ Δt を限りなく小さくするイメージです。

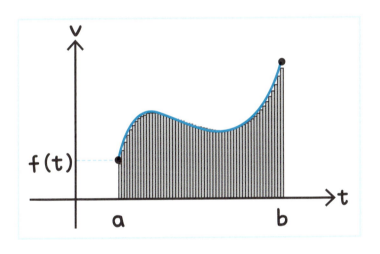

これまでの長方形よりは、正確な数字が導き出せるような気がしませんか？

たしかに！
少なくとも、いま描いてある長方形と比べれば、スキマがグッと少なくなりそうです

そうなんです。
いま、グラフからはみ出しているところも、スキマができているところも、長方形をどんどん細くしていけば小さくなっていきますよね？
そうやって長方形を細かくし、足していくのが積分の醍醐味です。
では、長方形の面積を求めるときの材料をもとに、全体の面積を求める方法をお伝えしましょう！

ぜひお願いします！

長方形の面積の求め方

小さな長方形をひとつずつ足していく

 もう一度、情報を整理してみましょう。

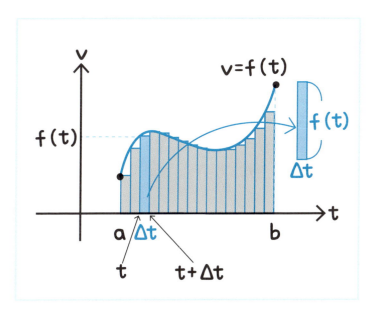

求めたい面積の横幅は、aからbの間でしたね。
さらにさきほど抜き出した長方形の面積は、$f(t) \times \Delta t$ で求められることもわかりました。
したがって、今回のグラフ全体の面積を求めるには、この長方形の面積をどんどん足していけばいいわけです

$f(t) \times \Delta t$ をひとつずつ足していくんですね？

そのとおりです。
ただ、ひとつずつ足した式を書くのは大変ですよね。もっと簡潔に表したいところです。
そこで、$f(t) \times \Delta t$ を t=a から b まで足したもの、と表現することにします。

$$\text{距離} \atop (\text{面積}) ≒ \left(\begin{array}{l} f(t) \times \Delta t \text{を} \\ t=a \text{から} b \text{まで足したもの} \end{array} \right)$$

「tの値をaからbまで徐々に変化させましょう」という意味です。さきほどの図にもあるように、グラフの中に描いた長方形は、aからbにかけてどんどん動いていま

すよね？ それとともに、高さも変わっています。
そこで、「aのときの高さからbのときの高さまで、そうしてできる長方形の面積をすべて足しましょう」という意味になります

なるほど！ たくみ先生、≒って何ですか？

≒の意味とは？

これも初めて出てくる記号ですよね。
「ニアリーイコール」と読みまして、**「ほとんど同じですよ」**という意味です

たくみ先生！ 私、なんだか、よくわからなくなってきました……。「ほとんど同じですよ」ということは、やはりさきほどの「スキマ問題」は完璧には解決されていないということですよね？

そのとおりです。では次から、その「スキマ問題」に取り組んでいきましょう

曲線部分の面積の求め方

「dt」を使って Δt の幅を限りなく小さくする

 エリさん、餃子を作るときに具材が大きいと中身はスカスカになってしまいますよね？ では、どうすればギッシリと詰めることができますか？

 具材を細かくします！

 そうですね。具材が細かければ細かいほど中身を隙間なくギッシリと詰められるはずです。
今回考えている問題でも同じです。
さきほどの図の長方形も、細くなればなるほど曲線で囲まれた部分にギッシリと詰まっていきましたよね？
このことを数学の言葉で表現するとどうなるでしょう？

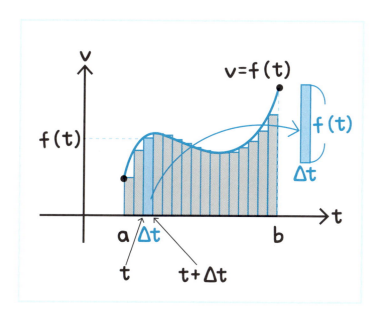

 Δtを小さくする……？

 エクセレント！

Δtの幅を小さくすれば、長方形と、グニャッとなったグラフとの間にあるスキマが埋められ、ハミダシ部分も減るんでした。エリさんのいうとおり、Δtの幅を限りなく小さくすることにします。このとき、積分では「dt」と表現します

あれ、微分でも出てきませんでしたっけ……？

よく覚えていましたね！　そうなんです、微分のところで Δ は「有限の変化」で、d は「無限に小さい変化」を表すと言いましたね？　ここでも同じように、Δt を無限に小さくしたものを dt と表現するわけです。これをさきほど紹介した面積を表す式に当てはめるとどうなりますか？

こんな感じでしょうか？

（長方形の面積）= f(t) × dt

そのとおりです。
× は省略できるので、$f(t)dt$ とも表現できます

インテグラルを使って長方形を足そう

「t=a から b まで足したもの」は、そのままですか？

短縮できたらいいですよね。というわけで、短縮します。
$\int_a^b$ と書きます

またもや知らない記号が……！
でも、なんかカワイイ（笑）

ニョロニョロしていて、チンアナゴみたいですよね（笑）。というわけで、名前はチンアナゴ……、ではなく「インテグラル」と読みます

い、インテグラル……!?

そう、インテグラルです。でもよく見ると、このチンアナゴ、sに見えませんか？

見えます、見えます！

sは「足す」の意味を持つsummationの頭文字なんです。最初はsだったのが、どんどん伸びて$\int$になったということですね。
なので$\int$が出てきたら、「足すということなんだな」と思ってもらえれば大丈夫です。
ではエリさん、$\int_a^b$はどういう意味でしょうか？

「aからbまで足しなさい」ということですか？

そのとおり！

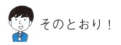

$\int_a^b$ → 「aからbまで足しなさい」という意味

これまでの話をまとめると、今考えていた複雑な図形の面積は、次のように書けます

$$距離(面積) = \int_a^b f(t)dt$$

難しく見える記号も簡単な言葉で説明されるとわかりやすいです！

LESSON 6

積分はこうして生まれた

5000年以上続く積分の歴史

ここまで積分について学んできましたが、じつは積分が生まれたのは、はるか昔。長い歴史があります

えー！　てっきり最近かと思っていました。いつ頃からあるのですか？

なんと、古代エジプト時代だといわれています

こ、古代エジプト……!?　クレオパトラが登場する時代ですか？

詳しいことはわかりませんが、イイ線いっていると思います。

諸説あるようですが、古代エジプト時代といわれる時期

は、紀元前 3000 年頃から、紀元前 30 年までとされています。クレオパトラが登場するのが紀元前 30 年前後といわれているので、少しは時期がかぶっているかもしれませんね

絶世の美女がいた時代の話だと思うと、ちょっと親近感がわいてきました！

それはよかった。
その昔々の古代エジプト時代、当時のエジプトはナイル川の恩恵を受けて繁栄していたそうなんです。
ですが、ひとつ悩みがありまして……

いったいなんですか？ 魚が獲れないとか……？

積分は生活の中から生まれた

氾濫(はんらん)です。
川がしょっちゅう洪水を起こしていて、居住エリアが水没して土地がグチャグチャになっていて、元どおりにするのが大変だったそうなんです

それは大変ですね……お察しします。

でも、どうやって元どおりにしていたんですか？
水没してしまうと、どこからどこまでが自分の土地だったか、わからないですよね？

よい着眼点ですね！
そこで当時は面積を測って、それを基準に、洪水後に土地を再分配するという方法をとっていました

でも、川って形がグニャグニャと曲がっているし、土地の面積を求めるなんて、ひと苦労ですよね……。
そうか！　それで積分の考えが生まれたわけですね！

「取り尽くし法」で面積を求めていた

そのとおりです！
しかも、最初は皆、正方形や長方形の面積の求め方は知っていても、今回学んでいるような極限を使った積分の計算方法は知らなかったのです。
そこで、次の図のように、まずは長方形で求められるところまで求めようとしました

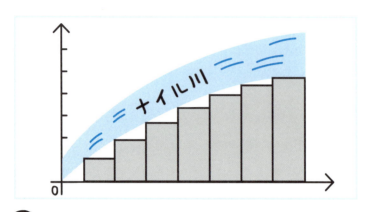

 そして、スキマになっている部分は、下の図のように三角形や円など複数の図形を組み合わせることで計算したそうです。この計算法は**「取り尽くし法」**と呼ばれています。

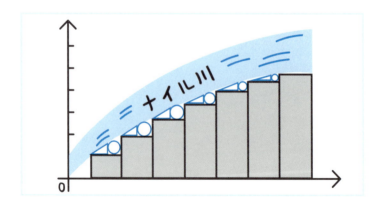

面積さえ計算しておけば、洪水が起こって地形が変わったとしても、自分の居住スペースは確保できるわけですから安心ですよね

たしかに！　当時の人は、そうやって工夫していたのか〜。積分が生活の中から生まれた知恵だったことにビックリです

そう考えると、意外と身近に感じられますよね。そして私たちはさきほど、5000年以上もの歴史を持つ計算方法を勉強したともいえるわけです。
どうです、なんだか重みがありませんか？

そんな歴史のあることを勉強していたなんて……。当時の人が、現代にタイムスリップして私たちがいまだに微分積分を勉強していることを知ったら、喜ぶかもしれないですね！

ハイ、私たちのこのやりとりも、5000年先までに残ったらすごいことになりますね……！
では、ここまでに説明してきた内容の復習として、練習問題に取り組んでみましょう！

積分の練習問題①

$\int_0^t 4t\,dt$ の値を求めよ

 わ、わあ……(汗)

 さっそく、面食らっていますね(笑)。

ここでもう一度、積分の最初に伝えた内容を復習しておきましょう。

図のように縦軸を速度(v)、横軸を時間(t)とするグラフがあったとします。速度を5、時間をtとした場合、距離は「速度×時間」なので、5tでしたね。そして「距離＝面積」でした。

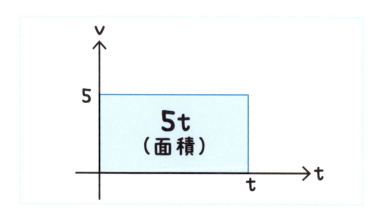

ここまでは OK ですか？

はい！ OK です

では、もうひとつグラフを見てみましょう。
これは、$v=\frac{1}{2}t$ というグラフです。

同じように縦軸は速度、横軸は時間となっています。
仮に時間が図の t の位置にあるとき、速度はどうなりますか？

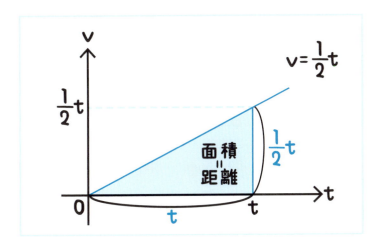

$\frac{1}{2}t$ です！

そうですね！ では面積はどのように求めればよいでしょうか？ 三角形の面積は、底辺×高さ÷2で求められます

ええと……　$\frac{1}{2}$t×t÷2 だから、$\frac{1}{4}t^2$ でしょうか？

正解です！
今考えている図形の横軸は 0 から t まで動くので、さきほど教えた積分の記号を使えばこう書けるわけですね。

$$\int_0^t 5dt = 5t, \quad \int_0^t \frac{1}{2}t\,dt = \frac{1}{4}t^2$$

ここまで、速度と面積の関係に注目してもらいましたが、何か面白いことが起きていることに気づきましたか？

えっ!?

じつは、**距離を微分すると速度になる**んです。ひとつ目の問題は距離が 5t で速度が 5、ふたつ目の問題では距離が $\frac{1}{4}t^2$ で速度が $\frac{1}{2}$t でしたから、たしかになってますよね？

たしかに！ これは、世紀の大発見ですね！

これは考え方を逆転させれば、5を積分するときには「微分して5になるもの」を考えればよく、$\frac{1}{2}t$を積分するときには「微分して$\frac{1}{2}t$になるもの」を探せばいいわけなんです

なんだか不思議……

でも、少し思い出してください。序章で私は、微分は「めちゃくちゃ小さな変化を見ること」で、積分は「めちゃくちゃ小さな変化を足すこと」とお伝えしましたよね？ なので、そのような関係も不思議ではないはずです。つまり、積分は微分で行ったことの逆をすればいいんです！

積分の計算は、微分の逆をするだけ

え、そんな簡単に解けちゃうんですか？

そうなんです！ 実際に解いてみましょう。
さきほどの問題を見返すと、$\int_0^t 4t\,dt = ?$ でしたね。

これを積分すると、どうなりますか？

うーん……。4t だけならわかるような気もしますが、dt があるので、どうしたら……

ここでは、一度 dt のことを忘れて「4t」の部分にだけ注目してみてください

え、いいのですか？　ではお言葉に甘えて……。
x^n を微分すると、nx^{n-1} になる。その逆をするということだから……、4t の t は一乗ですよね。ということは、求める右の値のほうは t^2 になるのかな。で、微分するとその 2 が降りてきて、その数が 4 にならないといけないから、$2t^2$ が正解でしょうか？　だから、こんな感じかな？

$$\int_0^t 4t\,dt = 2t^2$$

バッチリ、大正解です〜！

やった〜！

dt を「ないもの」にできるのはなぜ？

計算するとき、どうして dt は「ないもの」として考えてもよいのでしょうか？

もちろん、最初に説明したように、dt には長方形の幅という重要な意味があり、ないがしろにしていいものではありません。しかし、長方形を足し合わせる際、この幅は変化せず、変わっていくのは高さのほうです

では、計算に直接関わってくるのは dt の前の数のほうなんですね！

なので、積分の計算問題では、青い線で囲んだ部分だけを見て問題を解くことができるんです。今の段階での理解としてはそれで十分ですよ！

最初は慣れないかもしれませんが、慣れてきたら、なんのその。怖れる必要はまったくありません

積分の練習問題②

$\int_0^t \frac{1}{3}t^2 dt$ の値を求めよ

分数、キター!!

では解いてみましょう。エリさん、どうぞ！

$\frac{1}{3}t^2$ だけを見ればよいわけだから、答えの t にあたる部分は $t^{2+1} = t^3$ ですね。数字の部分は3が降りてきたときに $\frac{1}{3}$ になるように、$\frac{1}{9}$ でいいはず…。
では、$\frac{1}{9}t^3$ が答えでしょうか？
$\int_0^t \frac{1}{3}t^2 dt = \frac{1}{9}t^3$

バッチリです……！ 私、ほとんどしゃべっていませんよ（笑）。
この調子で最後の問題にいってみましょう！

積分の練習問題③

$\int_0^t t^4 dt$ の値を求めよ

 ラストは四乗ときましたか！
まず t の部分は t^5 ですね。前に付く数は微分して降りて
くる 5 と打ち消しあって 1 にならないといけないから
$\frac{1}{5}$ が必要、と。
よって、$\frac{1}{5}t^5$ が答えでしょうか？

$$\int_0^t t^4 dt = \frac{1}{5}t^5$$

 大正解です！

 やったー！

 積分の計算自体は小学生でもできるほど簡単ということ
が実感してもらえたのではないでしょうか？

微分積分は、小学校の算数にも隠れている

奥深い微積の世界

ここまでで、私の微分積分の授業は終了です。微分積分を学んでみていかがでしたか？

たくみ先生の授業を受けるまで、微分積分なんてさっぱりわからなかったのに、問題が解けるようになっていて正直、驚いています……

無事、エリさんに「微分積分が1時間で理解できるようになる」魔法をかけることができたようですね！

あっ、本当だ（笑）！　たくみ先生、ありがとうございます！

すでに、エリさんは微分積分の本質を理解できたと思い

ます。

でも、今回の授業でお話しした内容は、じつは微分積分の奥深い世界の入り口を少しだけ見せたにすぎません

えっ？　そうなんですか？

ハイ、だから、ここで満足せず、エリさんにはこれからも微分積分、そして数学の勉強をぜひ続けてほしいのです。

きっと、微分積分、ひいては数学の面白さにもっと気付けるようになると思います。

冒頭のホームルームでも、微分積分が様々なところで使われているというエピソードをいくつか紹介しましたが、いまのエリさんなら、もう少し踏み込んだ事例を紹介しても大丈夫だと思います。

そこで、最後に、エリさんの数学へのモチベーションがもっと上がるお話をして、終わりにしたいと思います

ぜひお願いします！

じつは、円の計算に「微積」が隠れている！

じつは、**小学校で習う算数にも、微分積分が隠れている**

んです

えっ!?　小学校の算数に？　微分積分の要素なんて、まったくなかったように思いますが……

エリさん、小学校で習った、円の面積と円周の長さの求め方を覚えていますか？

えーと……、たしか、「半径 × 円周率」でしたっけ？

惜しい！　**円の面積は「半径×半径×円周率」**です。**円周の長さは、「直径×円周率」**になります

そうだ、そうだ！　思い出しました！

では、記号を使って考えてみましょう。
円の半径を r、円周率を π と表した場合、円の面積はどう表せますか？

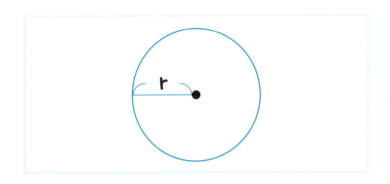

 えーと……。円の面積は「半径 × 半径 × 円周率」なので、r×r×π だから……、πr^2 ですね？

 正解！　では、円周の長さは？

 円周の長さは「直径 × 円周率」だから、(r+r)×π なので、$2\pi r$ でしょうか？

 そうです！　この数字を覚えておいてください。
仮に、この円がバウムクーヘンだとしましょう。
バウムクーヘンの生地をもっと厚くしたいと考えたパティシエのエリさんは、もう一層追加することにします。
この追加した層の幅を dr としましょう。
d は何を表すのでしたっけ？

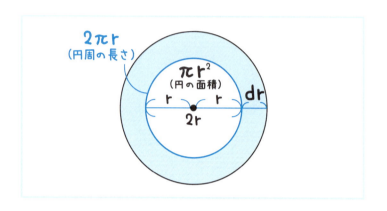

「変化」です！

正解！ dr 分だけ変化したということですね。では、この追加した層の面積を求めるとすると、どんな式になるでしょうか？

うーん……

バウムクーヘンの層を厚くする工程を思い浮かべてみてください。すでにある層に、生地を巻きつけますよね。その巻きつけた生地をペリッととって広げると、どうなりますか？

わ、まさかの長方形……！

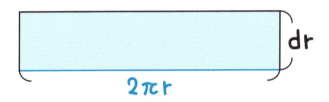

ということは、面積は縦×横だから、横が $2\pi r$、縦が dr で、$2\pi r \times dr = 2\pi r dr$ ですね！

バッチリです！ エリさん、バウムクーヘンという言葉が出てから、目が輝き始めましたね（笑）

半径0の地点から足し合わせると面積に

では、半径がゼロの地点から層をどんどん重ねていくことにしましょう。

本当のバウムクーヘンの真ん中は空洞ですが、食いしん坊のエリさんのために、ここで取り上げるバウムクーヘンには、空洞はないものとします。

重ねた層の面積を足し合わせると、どうなりますか？

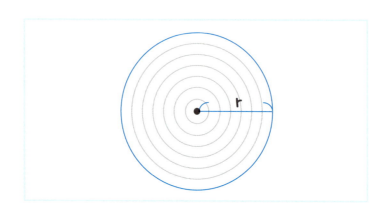

 バウムクーヘン全体の面積が出せます!

 鋭い! そう、**円の面積**ということですね。
ということは、積分の観点からいうなら、「**2πrdr(バウムクーヘンの層)を、半径0の地点から半径 r の地点まで全部足し合わせる**」と、**円の面積になる**ということですよね?

 おお! たしかに、そうですね!

 これを、∫を使って表してみましょう。どうなりますか?

 半径0の地点から半径 r の地点まで足し合わせるわけだ

から……、次の式で合っていますか？

$$\int_0^r 2\pi r\, dr$$

すごいですね！　そのとおりです。
せっかくなので計算してみましょう。積分の練習問題②を思い出してください。
$\int_0^t \frac{1}{3}t^2 dt$ はどんなふうに解けばよかったですか？

あ、そうか！　練習問題②のときのことを思い出せばいいのですね。dt の前の $\frac{1}{3}t^2$ に注目して、「微分してこの式になるもの」を考えるんでした

その調子です！

ということは、微分して $2\pi r$ になるものを考えればいいんですよね。でも、πはどう考えたらいいんだろう？

πは定数なので、3 や 5 のように、普通の数として扱ってOK です！

テ、テイスウ……？

定数は、「数が定まっている」という字のとおり、**「値が固定されていて、変化しない数」**ということです。ただの数と同じですね

なるほど！　ということは、πr²が答えでしょうか？

大・正・解です〜！　エリさん、円の面積の公式はなんでしたっけ？

πr²！　あっ！　同じだ！

球の体積の求め方にも微分積分が隠れている

円の面積以外に、中学校で習う数学にも、微分積分が隠されているものがあるんですよ

まだあるんですか!?

中学校で習った、球の体積の求め方を覚えていますか？

ぼんやりとした記憶ですが、「身（3）の上に心（4）配

がある（r）三乗」という公式があったような……。
えーと、ということは $\frac{4}{3}\pi r^3$ ですか？

正解です。ちなみに、球の表面積は $4\pi r^2$ です。この球を dr 分だけ、薄い皮で包むとしましょう

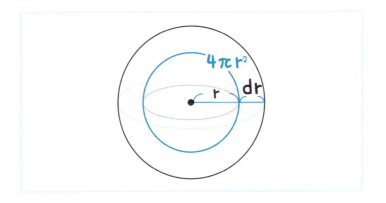

薄い皮の面積はどのように求められますか？

薄い皮を開いたときの高さにあたるのが dr なので、
$4\pi r^2 \times dr = 4\pi r^2 dr$ でしょうか？

すばらしい！　では、「体積」はどうなるでしょうか？
さきほどのバウムクーヘンで考えたことを思い出してみ

てください

えっと……4πr²dr を **半径 0 の地点から半径 r の地点まで全部足し合わせるので**、$\int_0^r 4\pi r^2 dr$ です

それを積分すると……？

なんと！ $\frac{4}{3}\pi r^3$ になってしまいます！

そのとおりです！ つまり、表面積を積分していくと、体積になるということですね。球の体積の求め方にも、じつは積分が隠れていたんです

知らない間に、小中学生の頃から積分に触れていたんですね！ 本当に色々なところに微分積分が隠されているんですね。
私、これからも微分積分を含め、数学を勉強し続けていこうと思います！

最後にエリさんからそのセリフが聞けて、嬉しいです。授業をした甲斐がありました

おわりに

"In order to tell the truth, you have to lie"

これは私が大切にしている言葉です。直訳すると、「真実を伝えるためには嘘をつく必要がある」という意味です。なかなか、刺激的な言葉に聞こえるかもしれません。

じつは、今回の授業の中には、たくさんの"嘘"があります。もちろん、数学的にまったくのデタラメを教えているというわけではありません。「本当に伝えたいことを伝えるために、内容を厳選し、難しい言葉遣いを避けた」という意味です。

たとえば、小学生に初めて引き算を教えるとき、いきなり「2-5＝?」という例題を出す人はいませんよね？

まずは、「3-1＝?」や「4-3＝?」などの計算から入ると思います。答えが負の数になる例題を扱わない。これも一種の"嘘"なのです。

私は「100を話して10しか伝わらない人よりも、50を話して30を伝えられる人になりたい」と常々思って生きています。100ある話のうち、50に絞る作業に私は全力をかけているのです。本書の内容もまた、そうやって必死に絞った50です。

この本を最後まで読んでくださった皆さんに30が伝わり、また、残りの70についても知りたいと思っていただけていることを願いつつ、筆を置きたいと思います。

2019年4月
たくみ

たくみ

教育系YouTuber。東京大学大学院卒。学生時代は理論物理学を専攻し、学部では「物理化学」、大学院では「生物物理」を研究していた。大学院の博士課程進学とともに6年続けた予備校講師をやめ、科学の普及活動の一環としてYouTubeチャンネル "予備校のノリで学ぶ「大学の数学・物理」（通称：ヨビノリ）" 創設を決意。チャンネル開設からわずか1年半でチャンネル登録者数13万人突破。複数の大学が、授業の参考資料として授業動画を学生に紹介している。
2018年秋から始まったAbemaTVの東大合格プロジェクト番組『ドラゴン堀江』で「数学の魔術師」という異名を持つ数学講師として出演し、話題となる。
現在、教育系YouTuberとして活動する傍ら、バラエティを含む各種イベント・企画にも多数出演中。

難しい数式はまったくわかりませんが、微分積分を教えてください！

2019年 5月24日	初版第1刷発行
2020年 6月27日	初版第6刷発行

著 者	たくみ
発行人	小川 淳
発行所	SBクリエイティブ株式会社
	〒106-0032　東京都港区六本木2-4-5
	電話　03-5549-1201（営業部）
装 丁	小口翔平＋喜來詩織(tobufune)
本文デザイン・図版・DTP	和全(Studio Wazen)
編集協力	大島永理乃
編集担当	鯨岡純一
特別協力	文学YouTuberベル、ユッコ・ミラー、森本晋太郎、鳥山大介
印刷・製本	三松堂株式会社

落丁本、乱丁本は小社営業部にてお取り替えいたします。定価はカバーに記載されております。
本書の内容に関するご質問等は、小社学芸書籍 編集部まで必ず書面にてご連絡いただきますようお願いいたします。

©Takumi, 2019　Printed in Japan
ISBN 978-4-8156-0174-4